まちを
演出する

仕掛けとしてのデザイン

伊藤孝紀

Smart Direction

TAKANORI ITO

はじめに

既存の環境を活かす時代

ある日、内臓に痛みを感じた。その場合、消化器系の病院に初診に掛かるだろう。ところが検査の結果、どこも異常がないと診断され、他の科をあたってくれと言われてしまう。しかし他でも同様に原因がよく分からないまま転々とさせられたあげく、実は首の捻りが原因だった、ということがまれにある。いま医療の世界では、専門医師(スペシャリスト)だけでなく、人間の身体を総合的に診断し、原因をつきとめる総合医療(ジェネラリスト)が注目されている。患者の所見や持病の履歴などをもとに、可能性のある原因を判断してくれるのである。同様に、我々にとって身近な「街づくり」にも、街の問題点を横断的に診断し、総合的な対処法を処方できる建築家やデザイナーの職能が必要だろう。それは建物内部だけで完結したインテリアでもなく、建物の形態に収束するのでもない。建物と敷地、さらには街路や道路などの公共空間とシームレスにつながるよう、街や都市をひとつの「環境」と捉えるのである。

20世紀は、東京、ニューヨーク、ロンドンなど大都市が経済と文化の中心であり、それより小さな都市はみな、大都市からの情報に影響を受け、憧れ、目指したのが都市デザインのあり方であった。他方で、豊かな自然が残る山間や海辺の街には、その地域がもつ資源をうまく資産へと還元し、観光などで地域活性化を成功させているものもある。また、大都市より小さく、田舎と呼ぶには大きすぎる都市や地域には、その規模ゆえの悩みも多かろう。市民の声や活動で変革するには人口規模が大きすぎ、世界と戦うには経済規模が小さい。こういった都市や地域には巨大都市と呼ぶには小ぶりであり、まだまだ診断されていない価値ある場所や産業が埋もれている。しかし、いくつかの市民活動がつながりのないまま実践され、自治体の施策は、短期計画と長期計画、さらには各部局の連携がないまま混在しているのが現状である。中都市には、市民レベルの小さな活動の連関、自治体と企業の連携、それぞれの施策(ビジョン)がひとつにつながる仕組みをデザインする方法論が望まれているのだ。

近年、建築界では、行政主導によるトップダウン型から、地権者が主体となった活性化や住民意識の育成に重きをおいたビルドアップ型の街づくりが数多くおこなわれるようになった。その土地がもつ歴史や文化、景観を活かして、住民や来訪者の交流を生み出し、場の価値を再発見するような街づくりである。そこには、スクラップ・アンド・ビルドの開発ではなく、既存の場がもつ環境に新しい意味を付与したり、コミュニティの再生を促がすように活かしていく「演出」という視点がある。

「演出(Direction)」とは一般に、原作があってその原作をドラマ仕立てにしたり、映画や演劇、ミュージカルにするなど、演劇や舞踊、オペラなどの舞台や、ラジオ、テレビドラマ、映画などのジャンルで用いられる言葉だ。その演出を担う「演出家」には、そうした作品をつくり出すだけでなく、演出する対象を興行的成功に導くために俳優の演技や、舞台に必要なさまざまな要素をコーディネートすることも求められる。つまり演出は、複数の人間や専門分野とのコラボレーションから成り立つ職能なのである。その際に重要となるのが、原作となる物語の解釈であり、次に、コンセプトや作品の芸術的方向性、表現手法などについて具体的なビジョンをもち、なおかつ最終的な完成形へと導く決定権をもつことである。

これを「街づくり」にあてはめると、原作となる既存の街並みがあり、そこでどう市民を楽しませることができるか、企業を利することができるのかを考えることである。既存の環境を壊して新たに何かをつくり出さなくても、それをうまく活かすには、良いところも悪いところも含めて街を診断し、適材適所の処方箋を考えることが必要である。ある環境がもつ潜在的な価値を見つけ出し、その価値を顕在化させ、より特徴づけること──まさに、「演出」ならではの神髄である。ゆえに21世紀型の街づくりとは、既存の街や都市の文脈を把握して解釈し、そこに関与する多様な主体に対してキャスティングをおこないながら、さまざまな要素を活かすように演出していくといっても過言ではない。いうなれば、現代都市における街づくりとは、「演出」なのである。

私が本書で提唱する「環境演出」とは、既存の都市や地域がもつ資源を活かしながら、建築などハードだけでなく、人間の心理や行為などカタチのないものまでを含んだ横断的なデザインのことである。それは決して、いつかできるだろう何十年後の未来図が描かれた行政の報告書の類いではない。小さな活動を連携させ、市民が共有できる〈コミュニティの創出〉と、いますぐにできることを具体的に示し、その提案を実直に行動に移し継続する〈プロデュース〉、そして、その短期的な活動を長期的な全体像へと結びつけ新しい価値を生み出す〈ブランディング〉の視点をもったデザインなのである。

20世紀のデザインから建築、さらには都市計画の概念は、「ヒューマンスケールと都市スケール」「短期計画と長期計画」「ソフトとハード」など、二項対立の構造で語られてきた。しかし、現在の生活や都市構造には、二元論や相対論では語ることができない、曖昧な価値観や意味、そして多様なライフスタイルが生まれている。よって、21世紀を彩るデザイン概念には、そうしたこれまでの価値観や分野を横断する新しいキーワード（デザイン言語）が見出せよう。本書では13のキーワードを挙げ、それぞれに位置づけられるデザイン活動を紹介する。それらは私が市民や産官学と一緒に実践してきた具体的な社会実験やプロジェクトだ。それぞれに、街づくりにおける「環境演出」の手法やデザインの要素がちりばめられているはずだ。

目次

第3章　演出のかたち

第1章

演出とデザイン

第1章では、街づくりにおける「環境演出」がどのようなデザインなのかを定義し、「デザイン」の本来の意味と現状を踏まえ、その領域を再定義する。さらに、アート、デザイン、建築分野の変遷から、その担い手の役割、そして「環境」が捉える対象とは何かについて、考察を深めていく。

1-1：「演出」の定義

デザインの分野で「演出」というと、「空間演出（Special Arts & Design）」が挙げられよう。武蔵野美術大学では1985年、マスメディアの急速な普及と商業施設や博覧会など空間的情報発信の場の拡大、さらにはコンピュータ技術の発展に伴った新たな表現領域の可能性を模索すべく、空間演出デザイン学科という学科が創設された。以降、こうした学科は他大学でも創設されてきている。

『現代デザイン事典』（平凡社、2012年）で「空間演出」を調べると、「ディスプレイ、シーニック（舞台装置）、ファッションの専門領域の統合されたものが内容である」とされている。このことから、空間演出で対象となる「空間」とは、テレビ番組や映画の舞台装置、展覧会の商品ディスプレイ、ファッションデザインに付随したファッションショーや店舗デザインといった分野での活動だと推察できる。これらは、主に既存の屋内空間を活用し、恒久的な設置だけではなく、ある限られた期間のみ設置されている。これは特定の空間を活かす行為であり、ある程度の仮設性が示唆される。

また、『日本語大辞典』（講談社、1995年）の「演出」の項目には、演劇・映画・テレビなどで、戯曲・シナリオの独自解釈に基づいて全体を統一ある作品にまとめあげること、とある。「演出」とは、短編、長編、シリーズものといった物語の長さを独自に組み立てることと解釈でき、短期、中期、長期といった時系的要素がある。このことから、空間演出における「演出」とは、過程が重要であり、短期的な舞台装置、中期的なディスプレイ、長期的な店舗デザインといった仮設と常設を含むプロセスに重きをおいた行為だといえる。これらのことをまとめると、「空間演出」は、「特定の空間を活かしプロセスを仕掛けるデザイン行為」であると定義できる。

しかし、現在の演出の手法は、舞台と客席の境界をなくし、鑑賞者を巻き込むなど参加させることで全体をひとつの環境とみなすものや、鑑賞者が触れると変化することで行為を触発する展示や屋内空間にまで活用されている。さらには、都市内の公共空間や博覧会など都市規模のイベントといった既存の屋外環境までを活用したものへと多岐に展開している。単に什器や装置を設置するだけでなく、設置後の鑑賞者の行為を導くための相互作用性や、設置される場が拡張されるにつれ、場との関係性が重要になっていると考えられる。また、劇場や美術館などにいる特定の鑑賞者だけでなく、屋外の公共空間など不特定多数を対象にすることで、参加する人間は使用者であり利用者ともなることから、多様な配慮が必要となる。

このような機能や規模の拡張と対象とする人間の属性が拡がることによって、空間演出という枠では捉えることのできない、新しい演出体系がもたらされている。これを「環境演出」と呼び、「特定の環境を活かし、相互作用性のあるプロセスを仕掛け、継続し続けるデザイン行為」と定義する。こうしたプロセスを継続的に仕掛け続けることこそ、街づくりの基盤となるデザインであり、利用者の振る舞いや行為であったり、多様な主体によって成るコミュニティや空間がもつ目に見えない雰囲気をつくり上げることから、やがては地球規模の環境問題や社会問題を解決しくことも可能となろう。

では、「環境演出」とは、具体的にはどういったデザイン行為なのか。それを1-2でまず「デザイン」がもつ意味から、その担い手の役割を考え、1-3では「環境」という言葉がもつ多様な意味を整理し、従来捉えられていた意味に加え、人間の営みを中心に社会、そして地球環境までを横断的に捉えた意味を包含する、新たな「環境」の解釈を考える。このような順を追って、「環境演出」のデザインについての考察を深めていくこととする。

1-2：「デザイン」の再定義

デザイン（Design）の語源は、ラテン語のデシネーレ（Designare）であり、分解すると「De ＋ Sign」となり、「サイン（兆し）を示す」という意がある。その英語の「Design」には、建築の形態や橋などの装飾や造形、絵画の構図（Dessin）といった対象に加え、人の意図や計画、戦略といった意味までを包含している。1951年に刊行されたレイモンド・ローウィ（1893～1986）は、デザインの多様な対象の拡大を「口紅から機関車まで」と表現し、デザインの意味する範囲はさらに拡大した。

日本で「デザイン」という言葉の定義の変遷をみると、1960年、小池新二（1901～1981）は著書『デザイン』（保育社、1965年）のなかで、デザインを大きく2つの領域に分類し定義している。第一の領域は、人類が外界を支配する自己のフィジカルな力を拡大し強化し、結集することを目的としてつくり出した人工物（Artifacts）、第二の領域は、人類が相互に伝達し合うことを目的としてつくり出されたサイン（Sign）に分類した。そして、この2つの領域は明確に分離できるものでないとし、「双方に関係しながら造形を計画するのがデザインである」と定義している。しかし、デザインは、急激に近代技術や産業社会の発展、文化の普遍性と地域性などの社会的な背景と複雑な関わりをもつようになり、その定義は、小池の2分類だけでは把握できなくなる。

そのような現象を反映すべく、それから5年後、川添 登（1926～）は、著書『デザイン論』（東海大学出版会、1979年）のなかで、デザインを3つの領域に分類しなおしている。その領域の分類は、第一に人間と自然との間に位置づけた道具的装備、第二に人間と社会との間に位置づけた精神的装備としてのコミュニケーション、第三に自然と社会との間に位置づけた環境的装備である。これらは、モノと人をつなぐ道具的装備はプロダクト・デザイン（Product Design）、人と社会の間を伝達することを目的としたコミュニケーション・デザイン（Communication Design）、社会と自然との間をつなぐ環境的装備を環境デザイン(Environmental Design)と定義づけられた。現在のデザイン領域は、川添が提示したデザインの3分類を軸として、さらに細分化し、詳細な専門分野へと派生している。例えば、ユニバーサルデザイン(Universal Design)やサステナブルデザイン(Sustainable Design)など老若男女や障碍、能力の如何を問わない人間の行為や持続可能な社会、地球環境にまでデザインの領域は拡張している。さらには、川崎和男(1949〜)による人工心臓をはじめとした人間体内の臓器のデザインなど医学的な領域にまで進化している。

最近のテレビコマーシャルには、“息をデザインする”チューイングガムとか、では“人生・ライフスタイルのデザイン”をする生命保険などと、造形や装飾だけでなく、目に見えないものにまで使用されている。日常生活でも、当たり前のように「デザイン」という言葉が多種のケースかつ多様なシチュエーションで使われている。また、「ユニクロ(UNIQLO)」や「無印良品(MUJI)」、「アップル(Apple)」、「イケア(IKEA)」など世界市場を席巻する勝ち組といわれる企業をみると、ロゴマークからテーマカラー、商品、販促物、店舗などが、一貫性をもったデザイン戦略としておこなわれている。テレビコマーシャルや各種メディアの広告からは、知らず知らずの間に口ずさむキャッチコピーや連想されるテーマカラーが擦り込まれ、商品が生み出される過程や企業が成長していく様子、またその背景までもが分かりやすく表現されている。

これらをみると、デザインをする対象が物理的なモノや空間だけでなく、利用者や消費者の心理や行為にまで及び、それらに作用する仕掛けを生み出すことだと考えられる。そして、カタチのない雰囲気や気配、さらにはそのデザインが必要とされる与条件やその過程までもが、デザインの対象になっている。そこでデザインを「造形や形態、空間にカタチを与えることに加え、完成前に与えられる条件や完成後のプロモーションなど運営管理、さらに使用者の心理や行為、雰囲気といったカタチのないものまでデザインすること」と再定義する。

1-3：新たな職能としてのデザイン

アート、デザイン、そして建築の融合

近年、美術作家、デザイナー、建築家の空間表現が類似してきている。歴史を振り返ると各分野を横断する試みとして、1970年に開催された日本万国博覧会（以下、大阪博）が挙げられる。大阪博は、日本を代表する前衛美術作家・岡本太郎（1911～1996）や建築家・丹下健三（1913～2005）、黒川紀章（1934～2007）、音楽家・武満 徹（1930～1996）、一柳 慧（1933～）らによる芸術の実験的な場だった。戦後日本の美術、音楽、建築、映画、デザイン表現の集約と、その後の各分野における発展への礎となっている。大阪博を境にして芸術活動は、美術館に彫刻や絵画を展示するといった鑑賞者と作品が静止した調和的な関係から、鑑賞者と作品を包括する動的な展示へと変わっていく。このような活動は、「エンヴァイラメント（Environment）」と呼ばれ、「環境」という言葉がキーワードに挙げられていた。しかし、この時期の「環境」という言葉の意味には、現在使われているような、地球環境への負担の軽減やリサイクルのための素材選定といった地球環境を配慮した「エコロジー（Ecology）」の意味はない。「エンヴァイラメント」という活動は、鑑賞者が作品との距離を保ち鑑賞するだけではなく、鑑賞者が展示を体感、体験することが重視された。

1980年代後半より、コンピュータが普及すると、鑑賞者を巻き込む仕掛けとして、コンピュータの技術を駆使した光や音、色彩、映像などの装置が用いられる。コンピュータという共通したツールを用いることで、美術作家、デザイナー、建築家の空間表現は、同一的傾向を示すようになっていく。そして、1990年代後半にバブル経済の崩壊が生じると、空間表現の価値観は、環境保全や地球資源へ配慮した表現や提案へと変わっていく。

これらの変遷より、大阪博を契機とした1970年代より、アート、デザイン、建築分野の融合が試みられ、作品表現は、鑑賞する人間を体験へ

と誘うひとつの環境と捉えていたといえる。さらに、分野が融合する表現の試みは、1990年代後半より、自然環境への意識の高まりから屋内空間だけでなく屋外の主に公共空間で試行されるようになっていった。この変遷より、1970年代から1990年代前半の試行は各分野の融合から鑑賞者を参加させる主に屋内空間に特徴があり、1990年代後半以降は、環境保全や地球環境を視野に入れ、地域活性や街づくりへの意識が強く現れ、屋外空間へとつながる特徴がみられる。

アートと街づくり

アート分野では、都市、街の公共空間を演出する手法のひとつとして、パブリックアートがある。竹田直樹(1961〜)の論文「戦後の彫刻作品設置事業における目的の変遷」(『デザイン学研究』第41巻1号、1994年)によると、公共的な建築物や空間、企業ビルの市民に開放されたスペースなどに設営された美術作品と定義され、1950年前後から行政による公共空間への彫刻設置事業に始まり、1970年以降、都市環境形成や地域振興の施策として展開された。1960年代より野外彫刻展が実施され、地方自治体主導の街の美化運動を目的に、屋外彫刻の設置事業が広まる。1990年代後半より、大規模な芸術祭やアートを題材とした街の活性化を目的とした事業が盛んになり、1994年、東京郊外に「ファーレ立川」が、国内最初のアート作品を活用した市街地再開発事業として完成した。ここでは、都心の街路や公開空地を対象に、アート作品を用いて演出することで、日常の往来行為のなかでの体感が試みられた。

一方、地方に目を向けると、地域の歴史や文化、風土を活かすアート作品を仕掛けることで、住民や来訪者の意識向上や交流を生み出す地域活性化事業がおこなわれている。その顕著な例として、「越後妻有《つまり》アートトリエンナーレ」があり、廃家屋、廃校舎や田園、畑にアート作品を設置する芸術祭が、2000年より3年に一度、継続的に実施されている。これらの芸術祭には、美術作家だけでなく、デザイナーや建築家も参加するとともに、共同計画、共同制作が積極的におこなわれている。これらからは、デザイナーや建築家が恒久的な建築や空間をつくるという思想から仮設的な空間を仕掛けるという発想に変化していることが窺える。

商空間とデザイン

デザイン分野では、三輪正弘（1925～）がインテリアデザインを「空間を内側から捉え、そこを生活空間として最適なものにするための室礼（しつらい）を果たし、同時に、そのための最適環境のデザイン」と定義した（『インテリアデザインとは何か』鹿島出版会、1985年）。インテリアデザインは、1964年に開催された東京オリンピックを境として、家具や什器、照明デザインを調和しながら確立されていった。インテリアデザインの潮流は、大きくは2つに大別される。ひとつは、色彩鮮やかなサインやディスプレイを中心に、店舗空間や商業施設などを含む商環境。もうひとつは、住宅や集合住宅を中心に、家具や住まい方を提示する住環境である。日本の多くのインテリアデザイナーは、1970年を境にして、戦略的な視点を商業空間のデザインに見出した。岩淵活輝、境沢 孝（1919 ～ 2001）、倉俣史朗（1934 ～ 1991）からはじまった商業空間をゲリラ的に都市に配置する行為は、アートや建築など他分野にも大きな影響を与えた。その後に台頭する北原 進（1939～）、内田 繁（1943 ～）、三橋いく代（1944 ～）、杉本貴志（1945 ～）、森 豪男（1940 ～）などを巻き込みながら、独自に大衆とデザインとの共感を見出した。内田 繁の『戦後日本デザイン史』（みすず書房、2011年）によると、インテリアデザイナーの役割は、単に「室内におけるデザイン活動」という範囲を超えて、「室内に帰結されていく行為そのものの本質的な意味、内容を見出す」ものとして街に放たれたと述べている。

1961年に主要なインテリアデザイナーが中心となって設立された「日本商環境設計家協会（以下、JCD）」は、商環境デザインの専門的職能を確立し、都市社会のコミュニケーションのあり様と、商業活動に関わる環境の質的向上を目的として創立、1963年に社団法人となっている。JCDの活動は、デザイン賞、シンポジウム、教育活動、研究活動など、日本国内のみならず、海外のデザイン界にも大きな影響を与える。特に、JCDデザイン賞は、1981年より毎年継続して開催されており、多くの著名デザイナーを輩出している。歴代の受賞作品915(1982〜2011年)を対象に、その変遷を年代別にみていくと、1980年代前半は、タイポロジーによるグラフィックデザインをサインやディスプレイに用いて、石質や金属素材など重厚感ある表現が目立つ。1980年代後半になると、バブル経済による好景気の影響から、比較的大規模な施設空間が対象となり、流動性や躍動感を意図した曲面を用いたダイナミックな空間表現が多く見られる。1990年代前半においては、それまで主流であったレストランやバーなど飲食空間やブティックを中心とした物販空間に加え、オフィスやクリニック、スポーツジムなどの業態まで商環境の新しい領域へと拡がっていく。また表現方法も室内空間だけでなく屋外空間からの透過性に配慮するなど屋内外のつながりに重きをおき、装飾的な曲面から直線を用いたシンプルな空間表現を好む傾向になる。90年代後半では、空間の役割にヒーリングや癒しを求める業態も増え、木質などの自然素材を活かした優しく柔らかい空間表現が多くみられる。2000年以降は、それまで新築の店舗や施設を対象にしたインテリアから、既存建築物の改築や改装による案件が増えたことに加え、内装費用が縮小傾向にあるなか仮設装置のような空間演出や、什器を設置するなどアート的表現が加速する。また空間を利用する人間の行為までをデザインに組み込むことを意識した表現が多くみられるようになる。

現在では、インテリアデザイナーの活動領域は、空間内のデザインだけでなく、建築や都市計画分野にまで拡がっている。例えば、都市の開発事業では、東京・六本木ヒルズの「THINK ZOON」と呼ばれる仮設建築を吉岡徳仁(1967〜)が手掛けるなど、建築空間内のデザインだけでなく、都市環境を演出する仮設的空間のデザインへと拡張する側面もある。また、地域の再生事業では、地場産業の活性化を目指した小泉 誠(1960 〜)が、職人のスキルを活かしたプロダクト製品を生み出し、自らが経営する「こいずみ道具店」などで流通から販売までを手掛けている。

インスタレーションとデザイン

美術作家の村上 隆(1962 〜)は、2000 年に「建築からアートへのシフトによって、建築のもっている潜在的な力がアートで活かされるなど、アートと建築の垣根は消失しつつある」と述べ、こういった現象を「スーパーフラット(Superflat)」と提示した。2000 年以降、アート、デザイン、建築分野の表現が同一化し、各分野は融解されているといえる。この顕著な例として、各分野を横断し、仮設的発想から空間表現をおこなう「インスタレーション(Installation)」が挙げられる。

インスタレーションとは、英語の動詞「Install」の名詞形である。本来、絵画を掛けたり彫刻をおくといった「展示会場に作品を設置する行為」を指した。米国で 1950 年代から 60 年代半ばくらいまでは、「ディスプレイ」などと並行して、主に美術館の展示現場で使われていた。辰巳晃伸の論文「インスタレーションの成立と展開」(京都工芸繊維大学、2003 年)によると、現代美術の旗手とも言われるマルセル・デュシャン(1887 〜 1968)の「レディ・メイド」とシュヴィッタース(1887 〜 1948)の「メルツ・バウ」、さらにはフレデリック・キースラー(1890 〜 1965)の「展示デザイン」が、インスタレーションの成立に重要な影響を与えたという。特に、美術館にトイレの便器を持ち込んで、「泉」という美術作品としたのはあまりに有名である(後述、125 ページ)。そして「ポップアート」が「生活の環境」を造形化していく表現へと変容するなかで、インスタレーションの輪郭がつくられる。さらに、1960 年代後半のミニマリズムにおいてインスタレーションは確立し、1970 年代前半から設置される場との関係性を示す「サイト・スペシフィック」がキーワードとなり、オブジェ志向から場の特定性に重きをおいた表現へと展開していった。国内では、1970 年代から仮設的な空間表現がされるようになり、「布置」などと呼ばれ、1980年代後半よりインスタレーションとして定着し多様な表現へと展開していく。

「インスタレーション」を『現代美術事典』(美術出版社、1984年)でみると、「期間(時間)を限定し、旧来の彫刻や立体の視点では捉えきれないジャンルの主に空間性を強調した作品」と記述されている。しかし、現在のインスタレーションの動向をみると、屋内から海・川辺や山林へと滲み出てきたイベント的なものや都市空間や景観を活かしたもの、照明、コンピュータ・サウンド、グラフィック、映像の効果を用いたもの、都市や地域の活性化を意図したものなど、多分野にわたり、屋内外の空間を活用した多彩な表現へと発展している。さらに、「インスタレーション」という言葉は、前出の『現代デザイン事典』の「美学」と「デザイン」の両方の項目にあり、その制作者は美術作家だけではなく、デザイナー、建築家に拡がり、表現はアートからデザインの分野を跨ぎ、都市や地域の公共空間を演出する手法として用いられていると記載されている。

1970年の大阪博から35年を経た2005年の日本国際博覧会(愛地球博)では、専門ホールだけでなく屋外空間でのパフォーマンスや市民参加型のイベントが中心であった。イベント数も大阪博が346だったのに対し、2倍の705となり、パビリオン先行型でなく来場者に参加体験させるイベント育成型だった。インスタレーションに代表されるように、アートやデザイン、建築分野の表現が同一化し、屋内外の空間を横断的に捉え、街の活性化を意図した計画が必要とされる今日、従来までとは異なったデザインの切り口が急務である。そして、問題解決とする対象の同一性に加え、それを解決する表現手段の同一化は、建築家やデザイナーの新たな役割を提示していると考えられる。

建築家とデザイナーの職能は、モノの形状や形態、空間の構成や構造の表現を競い合うものではない。元来、その職能は、客観的に与件を整理し、住まい手や使用者のことを想起しながらモノや空間を構築し、構造化する力をもっている。さらに、建築家とデザイナーがもつスキルは、デザインする対象を客観的に調整する力や使用方法、その活用法などの構築、事業化へのスキームなどの構造をデザインすることに応用できるはずである。

まさに、建築家とデザイナーの職能は、建築物や商品に収束されるのではなく、その対象を活用したり、運営・運用することでビジネスを生み出し、使い手を巻き込みながら、「街づくり」へとつながっていく仕掛けと仕組みをデザインする役割へと拡張すべきなのである。

1-4：「環境」をデザインする

「環境」とは便利な言葉である。『日本語大辞典』(講談社、1995年)によると「広く生物が生活する場の周囲の状態であり、固体に影響をおよぼす外界の諸条件」とあり、日常で使われる意味は多岐に及んでいる。英訳すると、物理的な周辺環境を現す「Surroundings」や、場がもつ雰囲気やムードを表す「Atmosphere」、人の感情からモノの見方などに影響を与える状況を表す「Environment」、人間や動物の生態環境を表す「Ecology」まで多くの意味を包括している。これらの多くの意味を複合しているからこそ、「環境」は安易に用いられ、時として語弊を招くことがある。また、一方向からの見解だけでは答えが導き出せない事象が多いのも難点だ。例えば、ある生物学者が海中のプランクトンを増やすとCO_2削減が推進されるからという理由で、プランクトンの増殖を促すために鉄分を散布した。他方、海洋学者は鉄分で増殖したプランクトンを食べた魚が悪性の病気となり、人間が食用することへの危機を促した。こういった相反する矛盾した結果を生むことが多々生じるのである。

また「カーボンオフセット(Carbon Offset)」「ウォーターフットプリント(Water Footprint)」「フードマイレイジ(Food Mileage)」など「Ecology」を顕在化する指標も増えている。そして低炭素社会や水質の価値、食糧問題など、そのどれもが多様なつながりがあり、相互に密接に関係することで地球環境を構成している。だからこそ、日常生活において地球環境や生態環境など大きな目に見えない漠然とした事象に対して、どんな行動が良いことにつながるのか把握するのは難しい。

デザインの視点から「環境」を捉えると、前述した川添が分類した「環境デザイン」が挙げられる。川添は、環境デザインを時間と空間の2つが交わった領域に存在し、物理的環境と捉えることができ、物理的環境とは、「自然環境」と「人工環境」に大別できるとした。

1972年にローマクラブによる第一レポート「成長の限界」が発表された後から、人とモノと環境が共存、共生してゆくという「生態学」の視点からデザインを捉えるようになった。地球上の全ての生物と、それが生存し続けている環境との間に、不断にそして緻密に繰り返されている関係を対象とする学問は「生態学」と呼ばれる。「生態学」は、有機体とその環境との相互関係の研究と定義され、人間と自然環境との関係の探求であり、人間中心主義の思想と対立する関係にある。「生態学」において「自然環境」とは、人間の影響をいままで被らなかったと判断される未開拓地のことを指している。

一方、「人工環境」はガレット・エクボ（1910～2000）の『環境とデザイン』（鹿島出版会、1996年）のなかで、植物、動物、人間との間にある相互関係が調和している状況を「自然環境」とし、これに反して、意識的な目標をもったデザインによって変化した環境と呼ばれている。また、相馬一郎（1931～）は『デザインと環境』（早稲田大学出版部、1979年）のなかで、自然や建造物など動かないもの、自動車など動くもの、人間が容易に動かせるものまでも環境であり、デザインの道具的役割、伝達の役割、美しさの役割などによって創出されるのが「人工環境」であると述べている。

他方、環境デザインが対象とする「環境」を「外部環境」と「内部環境」に大別する場合もある。医師であり生理学者であるクロード・ベルナール（1813～1878）は、体液の働きを中心とする生体をひとつの独立した「内部環境」と規定し、それに対して、単に環境と捉えていたものを「外部環境」と規定した。ベルナールのいう「内部環境」と「外部環境は」人体を構成する内蔵や骨格からの視点である。三輪正弘は、『環境デザインの思想』(鹿島出版会、1991年)のなかで、「生命を営んでいる一個の生体は、それが内部に抱え込んでいる体液の作用によって『内部環境』として捉えた瞬間から、いままではただ単に環境といってきた漠然たる外界がはっきりと『外部環境』として確立する」と述べ、精神と肉体、主観と客観のように絶対的な対比を示すのではなく、相対的な関係を示していると位置づけている。ベルナールの環境の二段構造から環境デザインで対象とする「内部環境」と「外部環境」は、二元論とは異なる内部と外部の相対的な関係であり、具体的かつ実体的な相補関係をつくりだしている。

このように一言でデザインの対象を「環境」と捉えようしても、「自然環境」と「人工環境」や、「内部環境」と「外部環境」など、二元論や四象限、相対性や相補関係などの多様な考え方が交錯する。そして、現実の都市や地域の構造は、スマートグリッドやクリーンエネルギー、HEMS(Home Energy Management System)、ICTなど情報技術、電気自動車やコミュニティサイクルなど新たな交通を含む都市基盤、緑化や公共空間のPPP(Public Private Partnership)やPFI(Private Finance Initiative)など不動産から各用途の建築物、そして地域固有の風土やコミュニティまで幾層にもレイヤーが重なり、NPO法人などの市民団体や街づくり協議会など多様な担い手が多次元的に介在している。このように都市や地域を捉えた「環境」とは、都市や建築、空間、人間の営みとの関係性を表す「Environment」や文化や慣習から顕在化される雰囲気を包含する「Atmosphere」、地球環境から人間や動物の生態学を示す「Ecology」、都市構造や建築群を指す「Surrounding」などの意味を包括し、多様な意味や事象が相互に関係しながら、つながりをもって構成されている。だからこそ、都市や地域を活性化するとは、経済や社会までをデザインすることであり、多方向から多層的に物事を捉え、解決の糸口を見出せる力が必要となる。

そこで、都市や地域を対象としたデザインでは、「環境」という言葉に従来の意味や価値ではなく、新しい定義が必要だ。近年、「スマートフォン」「スマートグリッド」「スマートシティ」など「スマート」という言葉をよく耳にするが、これら「スマート」の意味は、電力などエネルギーや情報など異なる対象であっても、複数の対象から生じる無数の摩擦や隔たりを、素早く制御し、分かりやすく調整することを指している。それは多様かつ膨大な与件や要望などの情報を無理なく、難なく、高機能かつ高効率で調整することともいえ、多次元かつ多層的な情報を扱う都市や地域にも当てはまるだろう。そこで、新しい「環境」の意味をも包括した言葉として「スマート(Smart)」という語を提案する。

市民一人ひとりの生活からNPO法人など市民団体、職人組合や商店街組合、民間企業、大学など研究機関、国や自治体など行政といったそれぞれの主体(プレーヤー)が関係性を紡ぎ出す手段や仕掛けを生み出し、それが街づくりから地球環境へともたらすデザインを「環境演出(Smart Direction)」と位置づけたい。

□ 環境(スマート)の捉え方

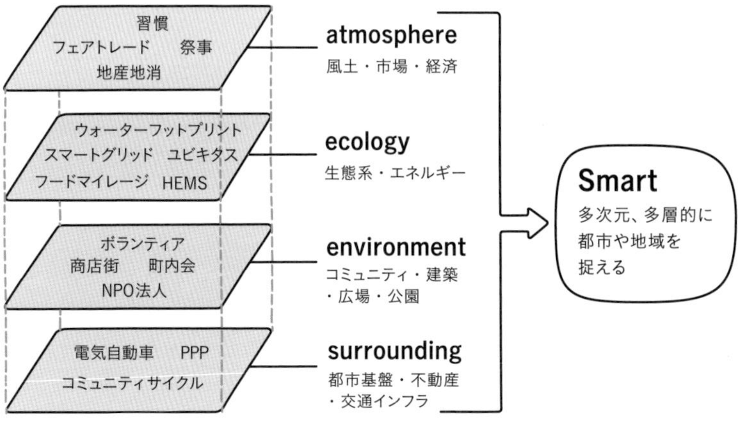

第2章

演出の手法

第1章では、「環境演出」を既存の都市や地域がもつ資源を活かしながら、建築などハードだけでなく人間の心理や行為などカタチのないものまでを含んだ横断的かつ包括的なデザインであると述べた。

第2章では、「環境演出」を実践するための作法を導くために、「誰のために(Who)」、「どこで(Where)」、「いつ(When)」、「どのような(What)」、「価値(Value)」を、どういった手段(How)で生み出すのか、デザイン学の基本に擬えて、その論理展開をひとつずつ紐解いていくこととする。

2-1：演出の主体性

誰のためにデザインするのか

環境デザイン分野の父といわれるゲーリー・T・ムーア（1945〜）は、「環境デザインの本質は、環境を取り巻く、さまざまな分野との関係のデザインである」と位置づけた（『環境デザイン学入門』鹿島出版会、1997年）。さまざまな分野が関係するというと秩序がない。そのため、製品などのミクロ（小さな）なスケール、建物や公園などのメソ（中間的な）スケール、そして都市や地域などのマクロ（大きな）スケールと段階的に環境を形成するスケールを分けている。20世紀の都市計画は、マクロな都市全体を計画する視点から、良好な景観を形成するためのメソ的な街並みや建築施設などを中心に、人間を含めたミクロ的な要素に向かって計画された。全体（マクロ）といった俯瞰から部分（ミクロ）を捉えたとき、主体は「都市構造」や「都市イメージ」といった「都市」であった。しかし、現代社会においては、「市民」「地権者」といった「人間の活動」が主体となり、逆のアプローチが必要とされる。

例えば、美術館や博物館など鑑賞用途でない環境にアート作品を設置する。すると、鑑賞者がアート作品に関心を惹くための仕掛けが必要になるだろう。哲学者ジャック・デリダ（1930〜2004）は、人間が関心を抱く空間との関係を「人間が場をつくりだすことを、自らを間隔することであり、空間を間隔化することである」という（『触覚、ジャン＝リュック・ナンシーに触れる』青土社、2006年）。これを解釈すると「ある存在（鑑賞者）と存在（アート作品）の相互の間を結ぶこと」が必要といえる。

では、相互の間を結ぶ手法とは何であるのか。環境に人間が介在すれば、時間概念が働き、プロセスが重要となる。このプロセスを仕掛けるデザイン手法のひとつとして、ローレンス・ハルプリン（1916〜2009）が提唱した〈スコア（Score）〉という概念に着目したい（『集団による創造性の開発』牧野出版、1989年）。これは音楽を記録するための演奏記号や符号を記した五線譜と同様に、人間の振る舞いや思考の変遷に空間の変化を加え、創造性ある議論や創作の場を奏でるための手法である。ハルプリンは、「Score」を、パフォーマンスやワークショップを実行するための仕掛けとして機能させ、成果ではなく、その過程(プロセス)に意義を見出した。現代社会に必要とされているのは建築や都市の設計図ではなく、空間や環境に介在する人間の行為までを含んだ楽譜(スコア)なのである。

他方、人間の行為を中心としたミクロからのアプローチには、人間の心理や認知の視点が重要となる。生態心理学者ジェームズ・J・ギブソン(1904 ～ 1979)が提唱した〈アフォーダンス(Affordance)〉の論理には、「動物は行為や知覚を通して、生息環境を相補的に捉え、情報によって行為の資源を直接知覚すること」とある(『生態学的視覚論』サイエンス社、1986 年)。例えば、子どもの背丈ほどある緩い傾斜状のオブジェが並んだアート作品があったとする。傾斜面からは、「登れる」と「下れる」という意味や価値を鑑賞者の演繹なしに直接知覚されるだろう。ある環境のなかで、主体となる人間の自発的な行動や行為を誘発すること〈アフォード〉、そして個々の行為や行動を市民活動へと奏でる〈スコア〉ことにより環境を形成していくことこそ、「環境演出」の醍醐味である。

2-2：演出の進めかた

どのようにデザインするのか

「演出」という言葉は、比喩的な意味と隠喩的な意味の 2 つに分けられる。前者は、演劇や映画などで思い通りにコトを運ぶことであり、後者は、インテリアや建築空間、景観に対する特別な趣向を凝らすことである。この 2 つの意味は、まさに「演出」の神髄を表している。

「演出」の主たる役割は、原作となる都市や地域の文脈を読み込み、原作を活かしながらドラマ仕立てか、映画なのか演劇なのか、別のストーリーに再編集(演出)する手腕が見ものとなる。

現代都市は、主に高度成長期に建設された公共施設やオフィスビルなど建築物によって構成されている。利用者の目的やIT製品などの出現により使用形態が変わっても、建築物は時代の変容に追随して変化することはない。先人達の偉業によって、原作という建築群は存在する現在、利用者や使用者の必要に応じて、ソフトとなるインテリアや家具の演出が必要である。1970年代に提唱された「メタボリズム」は、生物が成長しながら共生していく様になぞらえて、都市そのものが新陳代謝することを試みた。インフラとなる構築物や建築物が成長する像は、実現へは至らなかったが、その思想は世界中に衝撃を与え、現在でも読み解かれている。経済成長に合わせた建造物の成長は困難でも、建築用途の変更まで含め、人の営みとなるライフスタイルに合わせた〈リノベーション(Renovation)〉することで可能となる。

他方、「演出」を実現するとは、演出された環境に人を導き、運営していく、時間的秩序と空間的秩序を「組み立てる」ことである。いうなれば、「演出」は計略を達成するために、時間的、空間的秩序を組み立てるプロデュースの視点がある。都市や建築プロデュース業務の先駆け、浜野商品研究所の著書『コンセプト&ワーク』(商店建築社、1981年)には、「プロデュースとは、プロジェクトを発掘し、始動させ、一貫した方法をもち、体系的な活動を、多くの関係者とコラボレーションしながら推進していくこと」とある。一般的にプロデュースとは、事業を実現するための企画立案や資金、スタッフなどを調達して実現に導く役割を担うことである。そして映画や演劇、イベントなどの製作プロデュースのほか、新製品や商品、飲食店や商業施設などを企画し事業化することもプロデュースと呼ばれる。

日常生活のなかで、「快適だ」「気持ち良い」「豊かだ」と実感するのは、ひとつの事象が要因ではなく、空間や環境を含んだ全体を通してである。例えば、「快適で気持ちいいカフェ」を想像してみる。コーヒーが美味しいだけでも、店員のサービスが気さくでも、使っているコーヒーカップが素敵であり、家具が素晴らしくても、照明だけが美しくても快適なカフェはつくれない。このように素晴らしく美しいと感じる環境とは、全てのデザイン分野が並列的かつ横断的につながりをもって存在する。包括的な環境を構成する一つひとつが小さな関係をもって連関できるように、デザイナーや建築家、各種専門家を組織だって編成することは、プロデュースの重要な視点といえる。

プロデュースとは、ある目的をもった事業を遂行するために異業種、異分野の融合する組織を編成することであり、まさに〈マッチング(Matching)〉をおこなうことである。それは専門家だけの編成ではなく、事業を推進する上で、地権者などからなる協議会やNPO法人などの市民活動団体、さらには大学など研究機関、地方自治体など行政との連携までを、適材適所かつ出演のタイミングを図るようストーリーを描く必要がある。例えば、企業が先行するマーケティング調査や自治体が計画者として参画する事業では、大学研究室やNPO法人が中心となって初期始動をおこない、その後、段階的に民間企業が主体となり、自治体が支援できるような組織編成が重要となる。事業化する前に、社会実験や実証実験として取り組むことは、事業の検証ができるだけでなく、マスメディアを活用することで市民に広く知らせることもできる。また実験段階で試行することは、市民にその是非を問う場にもなる。助成金ありきや、自治体の主導ではなく、地権者や住民の想いや希望を実験的に具現化し、自治体が支援しやすい状況をつくり、民間企業が事業化することで継続的に運営できる組織編成〈マッチング〉をすることが重要である。

また事業を実現するためのデザインが、モノや建築物といった単一の対象に収束するのではなく、街づくりを語る上では広い視野が必要となる。例えば、経済・経営分野や生態・生物分野、医療・福祉分野など異分野の参入によって発生する効果が、環境問題や社会問題の解決の糸口になる事例は多い。地球環境を視野に入れながら、明日できること、日々できることから始められるよう多様性を帯びた演出を〈ダイバーシティ(Diversity)〉と捉えて考えてみる。それは、小さな行為や事象の時間的かつ空間的な秩序を組み立てる上で、地球環境全体にも波及するストーリーを描き、プロデュースしていくことであろう。

これらより「環境演出」の計画を推進していく手法とは、異業種、異分野の人材を横断しながら組織を組み立て〈マッチング〉、日常生活から地球環境にまでつながるひとつの環境を形成〈ダイバーシティ〉するという目標に向け「プロデュース」することなのである。

□ 演出(Direction)の捉え方

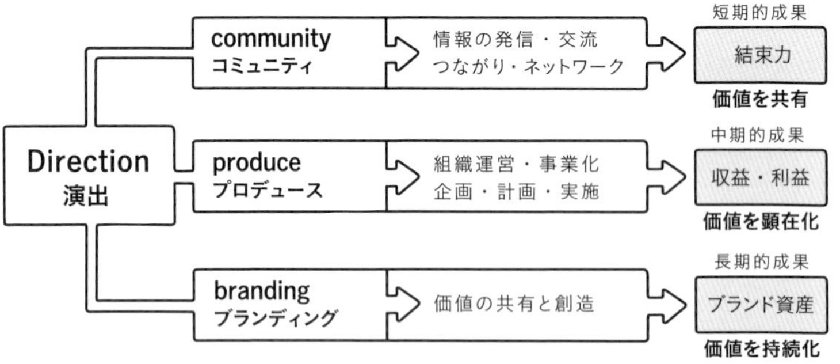

2-3：日本文化にみる演出性

なぜそのデザインが必要なのか

「演出」とは、「創作」との対比で用いられ、創作が新しいストーリーや世界を創り出すことに対して、既存のストーリーや世界に新しい実在的表現を与えることと定義されている。主に演劇や古典芸能において使われていた言葉である。現在、「演出」は、オリンピックの開会式や国際博覧会のような催事、店舗など商業施設やインテリア、都市や公共空間での景観的演出など、芸術やデザインの専門用語だけでなく、日常生活のなかでも多用されている。

また、「演出」の意味には仮設性が示唆され、日本文化との関連がみてとれる。例えば、伊勢神宮の20年に一度、解体と再建がおこなわれ建築物と建築技術の継承がされる「式年遷宮」がそれである。解体と再建を繰り返しながら、永続性を追求した仮設建築群であることはよく知られている。しかし、重要なのは建築物というハードの継承だけなく、2,500点に及ぶ調度品である装束、神宝含め神座や殿舎の設えの道具類一式の取り替えや儀式、儀礼といった神主の行為に至る一連のソフトが継承されているところにある。ここには、時間の周期と継承される空間、道具類から人間の行為までも一体とする「演出」によって日本特有の文化システムが構築されているのである。そして、その継承システムのなかで、職人の技巧や技能、神主による芸能といったさまざまな職能、すなわち〈ギルド(Guild)〉が、現代にまで生き続けているのである。そして伝統的な技術が、現代産業を推進する最新のテクノロジー(工学)と融合することで、現代社会に適した新しい技術〈ギルド〉が生まれる可能性は十分にある。

他方、日本文化には、「かりそめ」という思想があり、儚きものや移ろいゆく形といった状況変化に美学を感じる「感性」がある。そのひとつとして、山車、神輿、櫓、桟敷など一時的な舞台や装置を活用することで、人々を非日常へと誘う祭りなどの催事が挙げられる。さらに日常生活に「かりそめ」の美学を見出した例として、鴨 長明の『方丈記』(1212年)がある。彼は、1丈(10尺=3.03m)四方、高さ7尺の小屋を「方丈の庵」と呼び、街から街への移動を楽しみながら生活を営んだ。これは家具的な装置を用いることで、常に最適な居住環境を求める再現性のある可搬空間であり、自然環境に対応できる仮設性の利点を活かしている(後述、136ページ)。日本文化において、非日常の催事と日常生活での仮設性に共通しているのは、空間を構成する家具や道具によって、臨機応変に機能や性質を変化させていることにある。

日本文化における空間に設えられた家具や道具などの装置に起因し、「部分」によって「全体」を変化させ構成しているところに「演出性」が見出されている。近代の都市計画は、用途地域や区画整理といった「全体像（全体計画）」から、建築さらにはインテリア、家具、プロダクトといった細部の計画へと事業を推進するものだった。都市という既存のストーリーを「演出」するには、人間の五感での体感や体験といった小さなスケールから大きなスケールへとアプローチする日本文化の視点が必要である。この小さなスケールが集積しても、その意味や目的が変わることなく全体像をつくりあげる数学的論理に、〈フラクタル（Fractal）〉がある。これは、フランスの数学者ブノワ・マンデルブロ（1924 〜 2010）が導入した、図形の部分と全体が自己相似になっているという幾何学の概念である。日本文化を再考することによって、誰でも分かりやすい簡単なコンセプトや造形、空間を繰り返すことで、一見すると複雑だけれど全体として一貫した普遍的な表現〈フラクタル〉を可能にするのである。

2-4：誰もが主役になれる“演出”

いつ、どこでデザインするのか

環境デザインの特性をみると、ゴードン・カレン（1914 〜 1994）は著書『都市の景観』（鹿島出版会、1975 年）のなかで、環境デザインにおける2つの必要性を挙げている。ひとつ目は、環境をいったん構成要素のレベルに分解し、ひとつの流れにする必要性。2つ目に、都市は連続性を備えていることが望ましく、環境の流れに時間のスケールを導入する必要性である。

ひとつ目にカレンが述べた「ひとつの流れにする」とは、分解された構成要素に、関係性をつくり出すことといえる。例えば、家具デザインにとっては家具、建築デザインにとっては建築そのものに関心があり、その対象に集中的に表現すべく行動するのに対して、環境にとっての家具や建築は全体を構成するさまざまな要素のひとつとして、他の要素とのバランスやコントラスト、文脈、シークエンスなどの関係をつくることである。

2つ目にカレンが述べた「時間のスケールの導入」とは、多くの要素に関連する多数のデザイン行為が継続するなかで、時間的経過に伴って常に変化を続けることである。例えば、建築は完成という明確な時間的特定点をもつのに対して、環境デザインは過程のデザインであり、デザインされた結果を固定的に考えるのではなく、状況と周辺の変化に柔軟に対応する行為とした。

これらから、都市の景観は構成要素のレベルに分解し、連続する時間のスケールに分節すると、同じ景観を共感し、同じ体験を共有できる価値として捉えることができる。ここで扱う景観とは、物理的な時間の流れと、数値化できない人間が心に描く情緒的な心象風景を含めた〈スケープ(Scape)〉と捉える。人々が故郷を懐かしみ、時間という価値を共有できる場〈スケープ〉をつくることで、誰もが主役となれる演出を可能にするのである。

また土肥博至(1934 〜)は、著書『環境デザインの世界』(井上書院、1997年)のなかで、環境デザインの本質は「関係」のデザインであると定義している。環境デザインとは、物理的な物体や空間やそれらを取り巻く状況だけでなく、物体や空間に関与する人間の行動や認知も含んだ関係を意味する。さらに、土肥は、環境デザインの特性として総合性(Totality)、柔軟性(Flexibility)、持続性(Continuity)、公共性(Public Character)、地域性・場所性(Spacial Identity)、時間性(Nature of Time)、歴史的・文化的背景(Historical and Cultural Background)、ソフトデザイン(Soft Design)、調整機能(Coordination)の9つがあることを示している。

都市や地域を演出するといった視点に立つと、各特性のなかでも特に、時間性（Nature of Time）に重きをおきデザインを進める必要がある。それは、演出がある限られた時間を限定することで創出される現象であり、成果よりプロセスや時間による場面の変化を重要視しているからである。では、街づくりにおいて、時間と場面の変化によって演出されるのは何か。それは人と人とが介在するコミュニティと考える。

コミュニティは、英語で「共同体」を意味する語に由来する。同じ地域に居住して利害をともにし、政治・経済・風俗などにおいて深く結びついている人々の集まり（地域社会）のことを指す。日本語の「共同体」はこれの訳語であり、主に市町村などの地域社会を意味するが、これから派生して国際的な連帯やインターネット上の集まりなども「コミュニティ」と呼ばれる。特に、地方自治体、地域を越えた共同体と区別して、地域住民の相互性を強調する場合は、地域コミュニティと呼ばれる。地域コミュニティおいて、価値を共有することは、政治学者ロバート・D・パットナム（1940 〜）が提唱する互酬性（分かち合い）を規範としたソーシャルキャピタル（社会関係資本）を意味する（後述、169 ページ）。ソーシャルキャピタルは、人々の協調行動が活発化することにより社会の効率性を高めることができるという考え方のもとで、社会の信頼関係、規範、ネットワークといった社会組織の重要性を説く概念である。個人的な所有でなく、コミュニティのために共有できる時間と空間、装置やサービスなど〈シェア（Share）〉をデザインすることである。それは、誰かが主役になるのではなく、企業や地域といった共同体を通じて、モノや空間を共有することで、誰もが主役になれる仕組み〈シェア〉をつくることである。

これらより、時間の移ろい、プロセスの変化と拡張を描いた短期的な仕掛けと長期的なストーリーのなかで、誰もが主役となれる仕掛けをデザインすることであり、人々の連帯感や共感を生み出し、共有の財産〈シェア〉へと変える時間と場所が介在する場〈スケープ〉を演出することなのだ。

2-5：コミュニティを演出する感性

何をデザインするのか

地域コミュニティを生み出すために対象となるのが、地域住民や地権者であり、子どもから高齢者、障碍者など同一属性ではない集団である。多世代、老若男女を対象にしたデザイン分野に、ユニバーサルデザイン（Universal Design。以下、UDとする）がある。UDは、文化・言語・国籍の違い、老若男女といった差異、障害・能力の如何を問わずに利用することができる施設・製品・情報の設計を指す。ノースカロライナ州立大学のロナルド・メイス（1941 ～ 1998）によって、1985年に公式に提唱された概念である。「できるだけ多くの人が利用可能であるようなデザインにすること」が基本コンセプトであり、デザイン対象を障碍者に限定していない点が一般にいわれる「バリアフリー」とは異なる点である。国内においては、1989年に名古屋で開催された世界デザイン会議で、当時NASAのデザイナーであったマイケル・カリルが「宇宙的な、つまりユニバーサルな視点で地球をみたときにデザインは貧富の差や人種に関係なく誰にとっても手が届くようなモノにすることが大事である」とUDを初めて紹介した。

さらに、メイスは、UDの7原則を提唱している。この7原則は、国内でも広く周知されるようになり、国や行政においても施策や街づくりに取り入れている。例えば、商業や公共施設のトイレは、多目的かつ多機能になっている。便器の周囲はさまざまな高さの手摺りが付けられ、鏡面も車椅子対応の角度、子ども用のおむつ交換から待機場所までつくられている。まさに老若男女が使用できる「性能」と「機能」を兼ね備えたUDが体現されている。

UDが重要視される一方で、川崎和男（1949 ～）はUDの考え方はあくまでもアメリカで生まれた概念であることを指摘し、日本の状況や民族性、そして将来的な理想に照らし合わせながら7原則について検証し再構築するべきであると警鐘を促す(『ユニバーサルデザインの考え方』丸善、2002年)。UDの考え方をもとに日本が直面している高齢化社会の現状や将来的な理想像を踏まえた新たな方向性が必要であると考える。例えば、日本人が元来もつ「侘《わ》びと寂《さ》び」「もののあはれ」といった、明確に数値化しにくいが文化としてしっかり社会に根付いた概念を見直すことで、日本の社会に見合ったUDの可能性がみつかるのではないかと推察する。

イタリアや北欧のデザインをみると、機能と性能はもちろんのこと、ユーモアや“カッコイイ、カワイイ”など感性を刺激する仕掛けがある。例えば、イタリアのハウスウェアメーカー「アレッシィ(ALESSI)」が販売している人型のワインオープナー(ANNA G.)には、女性が踊るような仕草のユーモアと曲線美、そして力学的な理論が統合されている。このようなユーモアやカワイイと思える気持ちが、使用者の好奇心や刺激へとつながり、パーティなど使用者間のコミュニティを生み出すのに有効に働いている。小さなユーモアがある商品や空間を通して、驚きや発見を親子や友人とで共有できることは幸せなことである。ほっと笑みがこぼれるような錯覚や錯視などのユーモアを生み出す〈フェイク(Fake)〉を、使用者や利用者の「感性」をくすぐる仕掛けとしてデザインする。それは、コミュニティを形成するための「きっかけ」づくりとして良好な手段となるだろう。

そこでコミュニティを誘発するための手法として「感性」を捉え、感性を製品や空間の企画から制作へと翻訳する技術とされる「感性工学」に着目する。感性工学は、大量生産技術が発展し商品が標準化されていった1970年代に多様化をもたらす感性を物理量の世界に翻訳し、設計へ移し替えるために提唱された。感性工学は、感性を「五官の認知システムの上にあってこれらを総合化した心理的現象」とし、新商品開発や街づくりなどさまざまな場面において発生するものであると位置づけ、「消費者が抱いているイメージや感性を製品設計に翻訳する技術」と定義されている(「感性をデザインに造り込む技術」『日本ファジィ学会誌』第10巻6号、1998年)。

「感性」に関する行政の取り組みもおこなわれている。2007年に経済産業省が公表した「感性価値創造イニシアティブ(以下、感性創造)」では、高齢社会となり人口減少が進む日本が経済発展をするためには標準化された大量生産ではなく、独自の感性を強め新興国の商品と差別化していく必要があるとしている。そこで差別化を進める軸として生活者の感性に働きかけ、感動や共感を得ることによって顕在化する感性価値が、従来の「機能」「信頼性」「価格」を超える第四の価値軸として提案されている。それはモノの充実だけではなく、消費者の「感性」に訴え心の充実をもたらす商品開発が必要である。ファッションを中心に流行り廃りに流される時代から、独自のライフスタイルを追求する時代へと変革している昨今。ファッションだけでなく、家具やインテリア、住宅への拘りも多種多様となり、その購入選択方法も多岐に及んでいる。そのなかで、個人の「感性」に響き、個々に自律した価値観と生活観をもつことができる〈スタイル(Style)〉を演出するデザインが重要となる。

他方、感性は「消費者が感覚器により製品の物理的属性を認知し、脳内で統合する過程で生み出す心理的現象」と位置づけられ、心理的現象を統合していく過程は脳機能によりおこなわれるものと捉えることもできる(「デザインにおける感性工学」『日本ファジィ学会誌』第11巻1号、1999年)。「感性」の階層構造では、感覚器によって認知した要素を脳機能により統合していく構造を分析することで、「感性」についての理解を深めている。工学的なテクノロジーの発展は、脳機能計測をおこない、脳活動を分析し、それによって感覚器から認知した要素を脳内で統合していく過程までを把握できる。「感性」を脳活動の実体からデザインできる時代も近づいているのである。

メイスが提唱したUDの7原則には、「不安を感じない」「理解しやすい」「使いやすい」といった機能(Function)と性能(Performance)への言及はされている。しかし現在、快適性や充実した生活を望み、ライフスタイルが多種多様な趣向や嗜好へと拡散したことから、ユーモアや好奇心といった使用者の「感性」へと働きかけることも必要であろう。現在、脳科学や身体運動、知能情報など工学的知見と、美学やアートなど芸術的知見を融合した研究に加え、利用者の「感性」をくすぐるユーモア〈フェイク〉ある居住環境〈スタイル〉の演出を進めている。

2-6：演出の継続性

デザインで生まれる価値

近年、国内での都市や地域間の競争が激化する一方で、どの都市や地域も同じ光景という都市の均質化の現状がある。その競争に勝つためには、都市や地域固有の特徴や資源を踏まえて都市や地域の魅力を高める必要がある。そのため、多くの企業では商品、事業や企業そのものを競合他者と差別化するブランディングが行なわれ、近年その対象が都市や地域にまで拡張している。人々は都市や地域に一定のイメージをもち、サービスへの評価や購買、投資、居住変更、旅行などに関する人々の意思決定に影響を及ぼす。また都市や地域のイメージはそれを構成するいくつかの資源によって決定されるため、都市や地域の固有性を活かすことや豊富な資源を整理し総括することが重要な点である。

何かと競合するために都市や地域を活性化すると一言でいっても、何からアプローチしたらよいのか。そして、何を目指していけば良いのだろうか。都市や地域を差別化し活性化するためには、まずそれを形成する地区が元気にならなければいけないし、その地区にある企業が経済的に潤わなければならない。そのためには、企業は利益を出さなければ、そこで雇用される人達も明るい気持ちにはなれない。それには企業から企業群、地区全体から都市へとつながる段階的かつ継続的なマネージメントが重要となる。その企業とともに地区が新たな価値を創出していくことこそ望まれる。高度成長期が終わった国内では、企業でも都市でも、いままで培ってきた技術などの価値を基盤に、さらなる新しい価値の創出を目指すべきである。そのために企業や地域がもつ固有の資源を軸に、資源を資産へと拡充していく手法、ブランディングに着目したい。

一般的にブランディングとは、利害関係者である企業がコンセプトを掲げ、顧客である消費者にブランディング対象を通して体感を促すことである。そして消費者が体感によってブランディング対象にイメージを抱くことで形成される。ブランド研究の第一人者であるケビン・レーン・ケラー（1956 〜）によればブランディング対象は、ロゴマークやキャッチフレーズなどの商標登録可能な一次連想と商品やサービス、広告などの二次連想からなる。例えば、コンピュータ企業の「アップル（Apple）」のリンゴのロゴマークや「ユニクロ」のロゴマークを想像してほしい。これらは両社の商品の全てに付けられており、ロゴマークを見ただけで社名を連想できるだろう。そして、ロゴマークは商品だけでなく、その店舗やテレビコマーシャルなど至るところで使用されている。

ケラーの提示する一次連想をつくりだすためには、調査分析が必要となる。時代の潮流や経済の動向、社会的意義、環境問題への配慮、立地条件から読み込む風土性、対象商品や素材から読み解く歴史性など多様な視点での分析データを収集することから始まる。分析データからブランドを構成するキーワードを抽出し、コンセプトの骨格を導いていく。コンセプトをつくるということは、文章で何文字といった表現に思われがちであるが、ここでいうコンセプトとは、文章だけでなく、一言でブランドを示すキャッチコピー、一目で判別できるテーマカラーとロゴマーク、ブランドを連想できるイメージ映像（写真）から構成されるものを指す。このコンセプトが軸となり、二次連想となる商品と、その商品が売られる店舗やショールームなどの空間、ウェブサイトやポスター、パンフレットなど販売促進ツール、テレビコマーシャルやプロモーションムービーなど動画映像までを一貫したデザインで統一的に展開されていなければならない。ブランディングは、コンセプトを表現する一次連想と、消費者が実際に体感できる二次連想から組み立てられるのである。このようにブランディングがなされている企業には共通して、商品を中心に消費者を取り巻くブランド戦略が体系的に構築されているのである。

一概にブランディングといっても、その対象と手法によって商品ブランディングと企業ブランディングに分類される。まず、商品ブランディングをみると、複数の商品(以下、商品群)をブランディングの対象とし、商品群単位でロゴやキャッチフレーズなどが異なる。商品群ごとに異なる消費者を獲得するために取られる手法である。例えば、アパレル企業の「ワールド(WORLD)」は、「INDEX《インデックス》」「OZOC《オゾック》」「UNTITLED《アンタイトルド》」「INDIVI《インディヴィ》」などのブランド単位で強く認識されており、商品群ごとに異なる購買層を有している。また「花王(Kao)」は会社名よりも「ASIENCE《アジエンス》」「アタック」「エコナ」などの商品名が強く認識されている。自動車や家電メーカーもしかり、概観すると国内の企業は、商品ブランディングを軸に経営戦略を企てている事例が多い。

次に、企業ブランディングは、全ての商品群を総括したロゴマークやキャッチフレーズを掲げ、同一の消費者を獲得する手法である。例えば、前述した「アップル」は会社名が強いイメージをもち、会社の名称やロゴマークといった一次連想が消費者に強く認識されている。またアップルでは、先進性や斬新さ、楽しさといった価値を企業ブランドとして押し出し、ロゴマークやアルミ製本体などの共通のデザイン手法を製品全てに施している。これらから、顧客はアップルに付加価値や安心感を抱き、アップルが提供するMacやiPod、iPhoneなどの複数の製品を購入するに至る。アップルのユーザーと固有名称が付けられるように、その顧客はこれを強く支持する顧客層であると言われている。欧州の自動車や家電メーカーを概観すると、企業ブランディングを主とした経営戦略が目立つ。

このようにブランディングとは顧客を明確に定め、コンセプトを体系化し、顧客との関係を創ることが求められる。しかし、大量生産、大量消費が終焉を迎え、消費者のニーズは、個人の趣味趣向によりマッチした特殊解を望んでいる。その現状を踏まえると、商品展開を軸におくのではなく、企業そのものの価値を高めるためのブランディングが必要であるといえる。

商品開発だけでなく、その商品を通して自社のブランディングをおこなっていくには、単に継続する経緯や経過（プロセス）ではなく、達成すべき目的のために過程のなかで拡張・発展させていく「マネージメント」が重要である。その過程のなかで発展、拡張し続けることを〈プログレス（Progress）〉と呼ぶ。商品の完成や建築の竣工時に重きをおくのはなく、それが産まれるまでの過程や、その後のイベント企画実施やプロモーション活動など維持管理（マネージメント）までデザインされるべきである。

「地域」を対象にしたブランディングも取り組まれている。地方の温泉街や商店街を対象に地産地消の商品開発を中心に取り組んでいる例が多い。一概に地域ブランディングといっても、前述した商品ブランディングと企業ブランディングの相違と同様に、地域資源を扱ったものと地域全体をブランディングの対象にするものがある。お土産物など地域の特産物を扱う場合は、その地域で顔となる商品は開発できるかもしれないが、商品どうしの関係、さらには施設や街並みなどサービスや景観との連携などの問題が残る。そのため地域をブランディングするとは、地域を構成する全ての資源をブランディングの対象と捉え、それらの関係を構造化し計画論へと導くことが必要だといえる。

伊藤香織（1971 ～）、紫牟田伸子（1962 ～）らが紹介する「シビック プライド（Civic Pride）」では、デザイン対象を情報、シンボル、アクティビティ、空間の 4 分類とし、広報・キャンペーンやフード・グッズ、都市景観や建築などのハード面とソフト面が組み合わされた場が体感されると捉えている。「シビックプライド」は、18世紀にイギリスで始まり、市民が都市に対して自負と愛着をもって、主体的に地域の活性化を図ろうとする活動である。例えば、オランダのアムステルダムでは、その活動が体系化されている。「I amsterdam」というキャッチコピーを中心にデザインが展開され、土産や特産品、写真集など書籍、日常使用できる携帯ストラップなどグッズが販売されている。さらに、街中の広場にはシンボルとなる立体ロゴが設置され、記念撮影できるなど街の名所をつくりだしている。「I amsterdam」の認知が、アムステルダムの市民に誇りと親しみを生み出し、国内外の観光客、ビジネス客の増加につながっている(後述、177ページ)。

このように「地域」をブランディングするとは、地権者や住民などを含めた市民と来訪者が、その場がもつ誇りや愛着といった〈プライド(Pride)〉を共有できるコミュニティを演出することであり、そのためのコンセプトから表現手段を一貫してデザインすることである。自らが住む街に誇らしさ〈プライド〉がもてるよう、市民自らブランディングすることが求められる。

地域ブランディングと類似して「都市ブランディング」という呼び方があるが、ここで対象とする「都市」や「地域」とは何を指しているのか、あらためて都市や地域の持つ意味を把握してみる。『建築学用語辞典』(岩波書店、1999年)で「都市(City)」をみると社会的、経済的、政治的活動の中心となる場所で、常時数千あるいは数万の人口が集団的に住み、家屋が密集し、交通路が集中しているとされている。「地域(Area)」は一定の特性によってその広がりの範囲を設定した土地とされている。他方、『建築大辞典』(彰国社、1993年)によれば「地域」は「都市」よりも一般に広い範囲を示し、類義語に地区、区域、地帯などがあると記載されている。このように都市や地域など場を示す語句は、範囲や規模で定義されている。

さらに、都市と地域ブランディングを扱った書籍や研究論文の英語表記を見ていくと、大きく2つの見解に分けることができる。ひとつ目は、「Local Branding」や「Local Product Branding」で地域ブランディングの意味で使用されている。農水産物や観光地といった地域資源を選び出し地域名を商品に付することで、商品の価値を高めることを本質としている。また、商品を通じて地域の知名度が向上し新しい地域のイメージが形成される可能性がある。このように「Local Branding」は商品と消費者の関係で創出されるために、商品ブランディングに類似した概念と捉えることができる。

2つ目は、「Place Branding」で地域ブランディングと都市ブランディングの両方に使用されている。例えば、地域ブランディングの意味で使用している場合は、地域特有の歴史や文化、自然、産業、生活、人のコミュニティといった地域資源を、体験の場を通じて精神的な価値へと結びつけることで、買いたい・訪れたい・交流したい・住みたいなど気持ちや行為を誘発することとしている。都市ブランディングの意味で使用している場合は、生活や生産、あるいは文化、観光などさまざまな人間関係の舞台である都市の資源と価値のネットワークにおける結節点の役割を果たすとしている。

このように都市や地域のもつ魅力を活かすために、場にある資源を総体的にブランディングの対象とし、そこに住む市民と、そこを訪れる来街者との関係をつくることが「プレイス・ブランディング（Place Branding）」の本質であり、企業ブランディングに近い概念といえる。

「プレイス・ブランディング」は、都市や地域、地区、区域、地帯の総称として場（Place）と捉え、場は空間資源の総体で構成されると仮定できる。その単位は、都市や地域といったスケールだけでなく、その地区の数人の有志が集まるコミュニティから、広義には国家レベルのスケールまで対象となる。そのため都市や地域を単位とするのではなく、その場を形成する最小コミュニティの単位を中心におき、その集積が地区、都市、地域へと発展していくと捉える。

これらより、プレイス・ブランディングは、「その場のもつ魅力を引き出すために、その場のコミュニティを形成するサービスや商品、イベント、市民活動、建築物などの空間資源を整理特化させることで地権者や住民など市民と来街者との関係をつくる手法」と定義づける。

そして、「環境演出」は、その場が持つ魅力から、市民が共有できる価値〈プライド〉を創造するためにブランディングすることであり、地権者や住民のコミュニティを形成しながら継続的に成長し続ける事業運営〈プログレス〉をおこなうことと提唱したい。

□ 環境演出における「企業」と「街」の仕組み

「企業」の場合

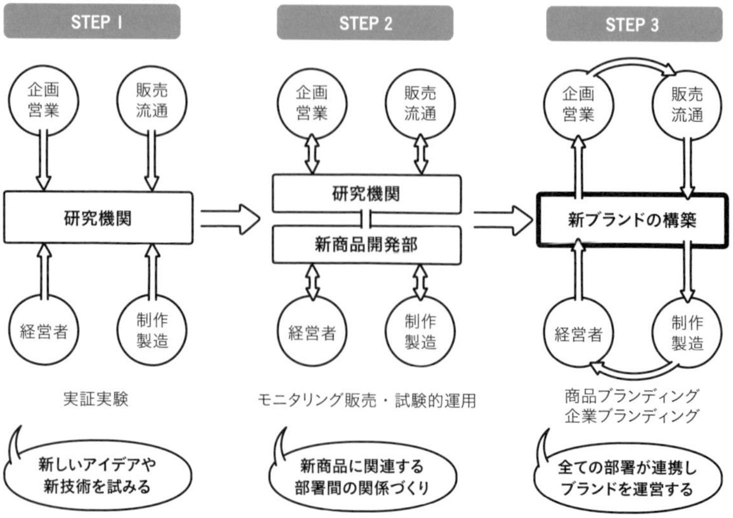

研究機関：大学研究室、建築家・デザイナー、シンクタンクなど

「街」の場合

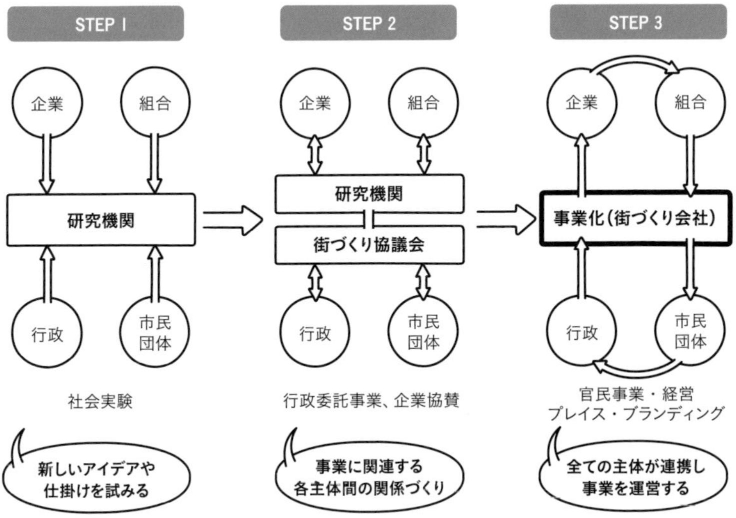

行政：国・県・地方自治体　**組合**：商店街組合・職人組合など　**市民団体**：町内会・NPO法人など

Smart Direction

13 keywords

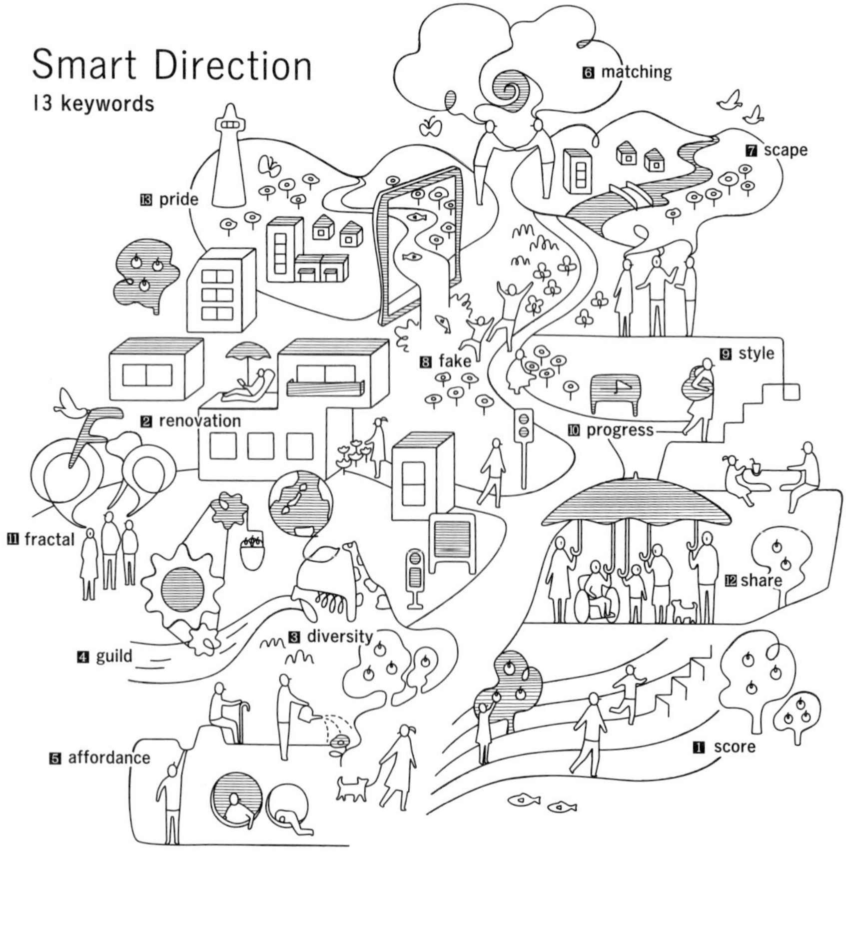

第3章
演出のかたち

第3章では、「演出」にまつわる具体的なプロジェクトを13のキーワードに分類して紹介する。建築、デザイン、都市計画から、環境問題、認知心理学、考現学、経済学、情報学などまで、「環境演出」におけるデザインの本質に迫るものである。

□ 演出の体系図

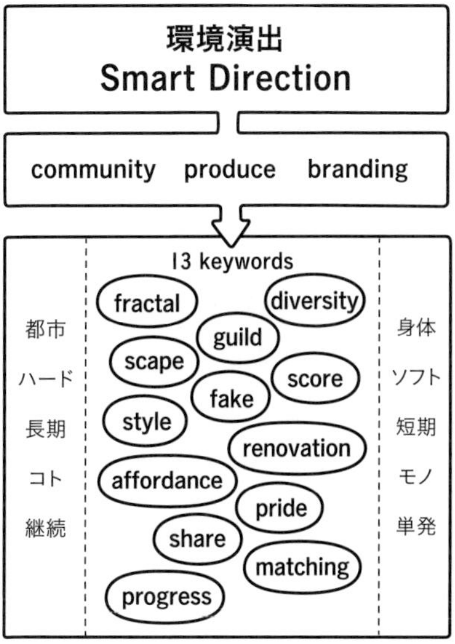

包括的に曖昧な領域をつなぐ13キーワード

1
score

心理や行為を奏でる
――スコア

参加者が自発的に作業や発言をおこなえる環境を整え、学びや創造、問題解決する手法をワークショップという。現在では、ものづくり講座、音楽や演劇のような参加体験の場や、科学や技術教育の場にも用いられる。なかでも、都市計画や街づくりの分野では、住民が主体となって地域の課題に取り組む際に、ワークショップがおこなわれるのが一般的になった。ワークショップの起源を遡ると、米国のランドスケープ・アーキテクトであるローレンス・ハルプリン[注1](1916 ～ 2009)が挙げられる。1960 年代、ハルプリンはワークショップをデザイン教育や住民の体験をもとにする市民協働の街づくり分野へ取り入れた人物。私が着目するのは、ハルプリンが、ワークショップを構成する際に示した〈スコア(Score)〉という概念である。

「スコア」と聞くと、音楽を記録するための演奏記号や符号を記した五線紙を思い浮かべるだろう。ハルプリンが提示した「スコア」は、音楽ではなく、人間の振る舞いや思考の変遷に空間の変化を加え、創造性ある議論や創作の場を奏でるためのものであった。確かに、オーケストラが音楽を奏でるように、参加者各人が主体となって創造性ある場が形成できたなら、子ども達を対象にした創作や教育の場にも役立つことだろう。

他方、20 世紀初頭、美術と建築に関する総合的な教育をおこなった

「バウハウス(Bauhaus)」といえば、ヴァルター・グロピウス(1883～1969)やミース・ファンデル・ローエ(1886～1969)、マルセル・ブロイアー(1902～ 1981)といった建築家やデザイナーが想起される。そのなかで私が着目するのは、建築や家具など物質的なデザインが中心の時代に、ワークショップを通して独創的な舞台芸術を追求したオスカー・シュレンマー[注2](1888～ 1943)の存在である。トリアディック・バレエと呼ばれる舞台では、立方体、円錐、球体の3つの幾何学形態が使われた独特のコスチュームをつけたダンサーが、ロボットのようなぎこちない動きを表現。シュレンマーは、ダンサーに動きやすさではなく、逆に身体の動きを制限する衣装を身に付けさせることで、人間の身体能力と表現の可能性を模索した。これは、舞台芸術という時間が奏でるストーリーのなかで、演じ手による身体的な側面から参加者の心理的な側面によって、人間の潜在的能力を追求したデザインである。

モノや空間で完結することなく、そこで営まれる人間の行為が互いにつながり、積み重なることでコミュニティは育っていくだろう。コミュニティの育成には、利用者や使用者自らが主役になれるようモチベーションが上がり、満足感が味わえる演出を仕立てることが必要ではないか。ビジネスにおける商品の販売促進であれ、街づくりの活動であれ、自主的かつ主体的に参加するためのストーリーを描くためには、人間の潜在的な能力である気持ちに響くような舞台構成が重要となる。参加者の好奇心をくすぐり、興味を促し、行動を起こす、人間の心理や行為のメカニズムを想定したプログラム〈スコア〉は、商品開発や街づくりの企画構想など多様な場面でも応用可能である。

注1：1960年代からワークショップをデザイン教育や市民協働など街づくり分野へ取り入れた先駆者。ダンサーの妻アンナと協同した公共空間と利用者との相互関係に視点を当てたデザインに挑戦してきた。著書に『都市環境の演出』(彰国社、1977年)などがある。

注2：バウハウス初期の彫刻工房を主宰。人体の動きや組成を分析し、思考や感情に内在する原理を捉えた人間工学的授業をおこなった。著書に『バウハウスの舞台』(中央公論美術出版、1991年)がある。

H2O

“住まい方”を発信した空間提案

2002年におこなった「H2O（エイチ・ツゥ・オー）」プロジェクトでは、建設業界の2つの課題に取り組んだ。2008年まで100万戸あった新築住宅着工数が、2009年には70万戸に激減。これを受け国土交通省は新築だけでなく、リフォーム事業の拡充に力を入れている。この状況を予測して、新築住宅の建設ラッシュの「後」に、どのようなデザインとビジネスが展開できるか提案したプロジェクトである。具体的には、既存住宅を、全面改装するのではなく、家具を購入するぐらいの手軽さで、既存の大部分を残し活かしながら、安価なリフォームの可能性を追求した。

高級ブランド家具を購入すると、50万〜100万円は掛かる。一方、部分的に改装しようとすると500万〜1千万円は掛かるだろう。この2つの狭間になる価格帯（100万〜500万円未満）をターゲットにできないか。そこで、家具の延長で取り付けられる間仕切りや照明、ロフトといったインテリアの機能をもった装置を考案。例えば、窓際に収納箱を浮かせ移動できるようにした間仕切りを設置。部屋に入るとすぐに窓際に浮かぶ箱が目を惹くので、屋外の植栽を取り込むことができ、限られた空間が広く感じられる。他にも既存住宅の天井高が低いことを逆手にとって、水槽のように落ち着いた照明を兼ねた収納家具や、子どもの遊具を兼ねたロフト家具など、住空間を変容させる装置を展開した。

他方、ファッション業界では、自らが提案する衣服の使い方やライフスタイルをショー形式で発表する。しかし、インテリアや建築分野では、請負業務が主であるためか、自らライフスタイルや住空間の使い方を発信することは少ない。またnLDKで固定された住空間は、多様なライフスタイルと、子どもの成長や独立といった家族構成の変化に追随できないのも問題である。そこで生活の変化とともに、形態を変えていく可変性あるインテリアのショーをおこなった。

提案する住空間は、全て可動式の家具的装置で構成し、パフォーマーに舞台装置に見立てて演じてもらう〈スコア〉を作成。パフォーマーは、「H2O」の様態変化（固体・液体・気体）に擬えて、住空間が変容する物語を表現。参加者は、住空間の使い方を連想したり、自らのライフスタイルを想像する。インテリアや建築分野でも、モノや空間を提示するだけでなく、住まい手のライフスタイルの変化を物語〈スコア〉で表現することが重要である。

暮らしの物語をつくる

design no Ma

名古屋市星ヶ丘地区は、女子大を中心に百貨店とお洒落な商業施設、高級住宅街が隣接する。この地区にある e- 生活情報センター「デザインの間(design no Ma)」では、「スマートライフ(Smart Life)」を提案。環境に配慮し、賢くシンプルに、無理なく楽しみながら継続できる省エネ型の暮らしを「スマートライフ」と位置づけ、実践するためのさまざまな情報を発信。2010 年度、主要なセミナー企画とチラシなど広報ツールのデザインに加え、施設内のインテリアデザインまでをディレクションした。

施設内には、電化厨房を体験できるキッチンスペースとカフェが併設。主となる利用者は、主婦層を中心とした女性。そのためチラシやポスターには、季節に合わせた色彩とイラストを使い、日常生活で役立つ「スマートライフ」の豆知識を展開。毎月のセミナーには、スマートライフを実践できる物語性〈スコア〉を加味した。1 年を通じて、「味わう」「装う」「暮らす」「楽しむ」「知る」「学ぶ」の 6 つのテーマを設定し、スタンプを集めると認定書がもらえる仕組みに。セミナー参加へのモチベーションと達成感を誘う。例えば、ヨガやダンスのように呼吸を整え身体を動かす体験型。ヒーリング音楽や映像、アートなど五感に作用する感性型。SNS を活用し友達を増やしながら、震災や環境などの情報を身近にするメディア型。家具やカーテンなどインテリア商品の製造過程や使い方の工夫を知る生活空間の提案型。さらに、フェアトレードやカーボンオフセットなど地球規模に及ぶ環境問題を考える問題解決型などである。身近に感じられる小さなスケールから、街や地球といった大きなスケールの仕組みまでを体系的にプログラム〈スコア〉した。

さらに、改装前のキッチンスペースは、キッチンと家具、照明器具などがひとつのメーカーに集約され、単に商品が置いてあるだけ。それでは来場者に、色彩や素材の調和や他メーカーとの組み合わせ方などを提示できない。そこで改装後は、各キッチンスペースが、異なるライフスタイルが想起できるよう提案。またダイニングとリビングとの関係や照明器具の使い方など、一つひとつが意味あるようにプログラムし、キッチンスペースごとに家具、照明器具、家電、建材など各種メーカーが参画でき、互いに凌ぎを削り合う仕組みをつくった。来場者が欲する要求を空間化し、セミナーから、その告知手段までを一貫して連動させることで、単なるハコモノ施設ではなく、成長し続ける施設になるのである。

H2O

家具やインテリアのライフスタイルを提示するショー

「H2O」が「氷」「水」「空気」へと変容する様子を表現

H2O

窓際のデッドスペースを活用した収納家具。屋外へと視界をつなげインテリアを広く見せる効果もある

水槽のような落ち着きある照明効果がある収納家具。インテリアに間接照明の効果を生み出す

モノのデザインから状況をデザインする

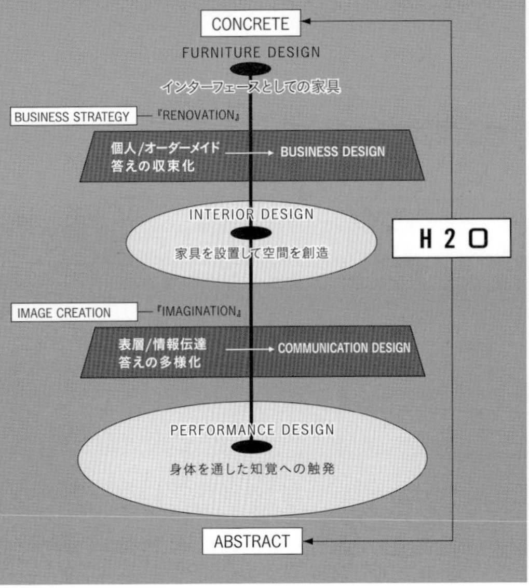

design no Ma

キッチンスペースごとに異なるライフスタイルが想起できるよう改装。家具、照明器具、家電、建材など各種メーカーが参画でき、互いに凌ぎを削り合うようデザインしている

e-生活情報センター デザインの間
design no Ma

design no Ma

季節にあわせた色彩とイラストを用いた広報ツール。１年を通して集めると物語となる

人気タレント原田さとみが語るスマートライフ

ラグジュアリーなメナージュケリー読者モデルが実践。誰でもかんたん節約術

メナージュケリープレゼンツ。スマートライフParty

夏の暑さをクールダウンする癒しのサウンド。Landscape Music

夏を乗り切る！かんたん・どこでもヨガ

スマートフォンで実践！Twitter の始め方講座

スマートな暮らしを考える！オープンゼミ。〜新しくなったデザインの間を知ろう！〜

メイド・イン・ジャパンで、スマートライフ

リフォームのためのスマート資金計画

住まいの構造から考える安心・安全・スマートな暮らし

家具から始まるスマートな暮らし

おしゃれに賢く省エネルギーな暮らし

6つのテーマを体系的にプログラムしたセミナー。スマートライフを多様な視点から実践できる

2 renovation

取捨選択する
——リノベーション

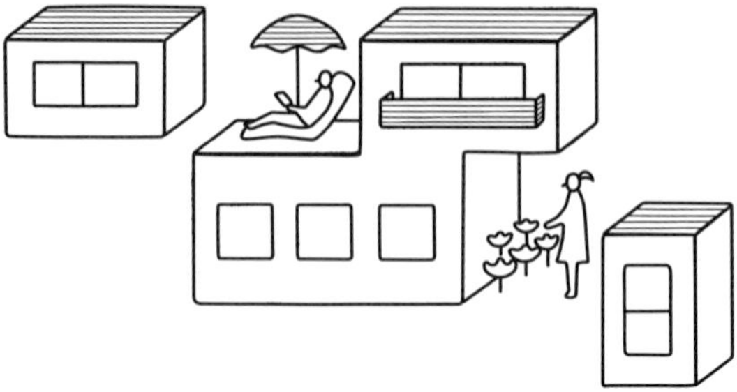

一般に建築物の大規模な設備更新や間取り変更などを〈リノベーション〉と呼ぶ。古い建物を新しい状態に戻すだけではなく、建物に新たな付加価値を与えることが目的とされる。

1959年、黒川紀章(1934〜2007)や菊竹清訓(1928〜2011)、槇 文彦(1928〜)など建築家グループが開始した建築運動に「メタボリズム[注1](Metabolism)」がある。グループ名にもなっている新陳代謝を軸に、社会の変化や人口の成長に合わせて有機的に成長する都市や建築を提案。その思想は、従来の固定した形態や機能を支える「機械の原理」ではなく、空間や機能が変化する「生命の原理」が将来の社会や文化を支える都市像には必要だと提示した。日本から世界に発信された初めての主義提言である。

建築物がくっついたり、動いたり可変する夢のような提案は「アーキグラム[注2](Archigram)」にもみることができる。アーキグラムとは、1961年に結成され1970年代初頭にかけて活躍したイギリスの前衛建築家集団であり、彼らが出版した同名の雑誌を指す。雑誌は詩や音楽、建築、デザインなどの分野を横断し、当時のSFコミックスなどのイメージを引用しながら、ポップなグラフィックやコラージュで表現。雑誌のドローイングを「建築作品」とすることで、建築を完全に情報化しマスメディアに消費させようとした。

メタボリズムやアーキグラムなどの建築や都市の成長と変化に併せた〈リノベーション〉は、その基盤となる構造物や建築物を主導としたために技術と経済論理がつながらなかったのではないか。都市や建築を身体に喩えるなら、骨格となる骨や肉ではなく、脳活動や神経、さらには遺伝子などに擬えるなら可能なのではないだろうか。そこで、進化生物学者のリチャード・ドーキンス(1941 ～)が提示した「ミーム(Meme)」に着目したい。ミームとは、文化を形成するさまざまな情報であり、習慣や技能、物語、会話や文字、振る舞い、儀式などによって人の心から心へとコピーされていく、川の流れのように喩えられる。すなわちドーキンスによれば、ミームは文化的進化において「遺伝子」に相当するものであり、他のアイデアと結合したり、修正されたりする過程を経て、新たなミームができ、それが広まることで前身よりも効率的な洗練された自己複製子となるものだと立証している。例えば、文化のある断片としてメロディやキャッチフレーズ、服の流行などを挙げている。

そこに住む人達は、世代を超え習慣や独自のコミュニティを育んでいる。また企業や店舗をみても、そこで働く人、店舗でのサービスや振る舞いなど時代の変化のなかで改善、改編されている。〈リノベーション〉とは、建物の中身となるインテリアや家具を対象とするだけでなく、住み手の住まい方や店舗のサービスから設えまでを対象とすべきである。くっつけたり、動いたり、つなげたりするのは、建物やインテリアなど物理的な要素だけではなく、習慣や技能、振る舞いなど心理的な要因も加味した新陳代謝が必要である。できることなら、ハートとソフトを融合し文化的進化へと導く〈リノベーション〉を目指したい。

注1:メタボリズムは、無数の生活用ユニットが巨大構造体(メガストラクチャー)に配置され、古い細胞が新しい細胞に入れ替わるように、古くなったユニットを取り替えたり、増やしたりしていくシステムなどを提示した。

注2:アーキグラムの提案には、巨大な都市に昆虫のような脚があり居住者が希望する場所へ移動する「ウォーキング・シティ」や、着脱可能な空間ユニットを多様な用途にあわせて組み立てた「プラグイン・シティ」などがある。

iWedding

老舗結婚式場を再生するブランディング

名古屋を中心に複数の結婚式場を経営する老舗企業のブランドマニュアルを作成し、そのマニュアルをデザインへと展開した。長年にわたる経営の試行錯誤のなか、創業当時もっていた企業の武器を見失いつつあった。そこで、創業当時の理念などを整理し、埋もれてしまった企業の資産を顕在化させることに取り組んだ。

そこでは結婚式場、レストラン、カフェなどいくつかの業態を抱えながら、その一つひとつに固有の名称が付いていた。例えば、結婚式場なら「天使のカリヨン」や「幸せルージュガーデン」、レストランは「ミラノ」や「バッサーノ」など多岐に及ぶ。そこで、業態ごとに「iWedding」「iRestaurant」「iCafé」の3つの名称と業態に整理。次に他結婚式場と比較すると、新設の結婚式場が「モダンなナチュラル、モノクロでシンプル」嗜好が多いのに対して、「クラシックなゴージャス、カラフルでデコラティブ」と対称的な位置づけに。しかし重要なのは、立ち位置を把握することであり、流行りのスタイルに路線を変更したり、影響されるのではなく、いまある客層を強化する方向性を、社員一同が共有することにある。また他企業の披露宴会場を調査すると、表層的には同じように見えるもののフェイク素材を多用。それに対して壁・柱など主要な部材には、本物の大理石、シャンデリアにはひとつ数千万円のスワロフスキーのクリスタルが用いられていた。そこで本物素材である「石(大理石とクリスタル)」を活かし、それ以外を削除することにした。

ブランドのテーマカラーにも「石」を反映。各業態にはイメージを表現できる宝石を選択し、その意味(石言葉)を呼応させた。例えば、結婚式場では、「愛情深く精神力を高める情熱の色」の意味をもつガーネットを採用。そうすることで、接客時にテーマカラーの意味や由来を伝えられるなど、お客とのコミュニケーションの仕掛けとなる。

さらにブランド骨子を店舗の改装にも展開。打ち合わせには、社員のサービス向上を目的に店長以下、社員も交えて意見交換をおこない、模型など用いてシミュレーション。通常の改装のように天井・壁面を壊すのではなく、既存の大理石の壁面、柱とシャンデリアを活かして家具や什器を配置することで通常の施工費1/3、さらに、照明の明暗をつくりLEDを使用することで、年間消費電力量1/3を実現させた。

〈リノベーション〉の対象は、インテリアや建築だけでなく、そこで働く彼らのマインドも対象なのだ。

HITSUJI

キャラクターが夢を見る羊料理専門店

キャラクターを用いたブランドといえば、不二家の「ペコちゃん」や明治製菓の「カールおじさん」などは有名だ。最近ではソフトバンクの「お父さん犬」となろう。キャラクターは、子どもを中心に世代を超えPRでき、それを活用したストーリー（物語）を展開することで、企業イメージや商品の活用法を想起させるメリットがある。

2006年にオープンした「ひつじ」という羊料理専門店は、店のキャラクターとして「ひつじ」という女の子を設定し、キャラクターを主人公とした物語をつくった。物語のなかで「ひつじ」は、夢を見て美味しい料理と遭遇。この店のメニューは、全て「ひつじ」が夢で見た料理と想定し、店舗全体を「ひつじ」が見た夢の世界としてデザインした。

なぜメニューを「夢で見た料理」としたのか。当時、「ジンギスカン」が空前の人気があり、お店を出せば流行るといった状況。ただ流行りに乗るだけでは、いずれは廃れてしまう。そこで、キャラクターが夢の世界で遭遇した「美味《おい》し過ぎて感動した料理」を再現し、この店の独自メニューとした。そうすることで、数年後、ジンギスカンが廃れても、女の子には次の夢を見てもらえば良いのである。

夢の世界は、モノクロでボンヤリした映像。そのため「モノクロ」と「モザイク」をテーマにした。名古屋市郊外の2階建て倉庫をコンバージョン。環境への負荷を軽減するために、建物の躯体や外壁は、既存のものを活用。大きな吹抜けをつくり、吹抜け上部には、羊のモザイク写真を配置し、限られた空間を広く見せ、空調、排煙といった換気に配慮。平面計画では、空間（吹抜け席、団体席、トイレ、玄関など）に対するお客の密度を、無彩色のコントラストの変化で表現。また、道路に面して大開口を設けることで、店舗内の賑わいが外部へと伝わり、あたかもディスプレイのような効果を生む。テーブルやカウンターは、側面が影となるような濃い色、天板面を料理が引き立つように薄い色とすることで、お客が食事と会話に集中しやすいように心掛けた。また、「ひつじ」のサインを、Tシャツやパンフレットなどにも使うことで、無彩色の空間を鮮やかに彩る。ここでは、倉庫を店舗にインテリアとしての改装だけでなく、キャラクターの物語を演出することで、改編できる仕掛け〈リノベーション〉をつくっている。

iWedding

既存のシャンデリアと大理石を活かし、可動間仕切りとなる家具でインテリアを構成

空間に陰影を付け、LED 照明などを用いてランニングコストを 1/3 に縮小

既存の看板やネオンを整理し、iRestaurant の前には芝生を配置

眩しいくらいの照明と多彩な色彩を整理

ホテルのフロントカウンターのような設え

執務空間と接客空間を明快に区分け

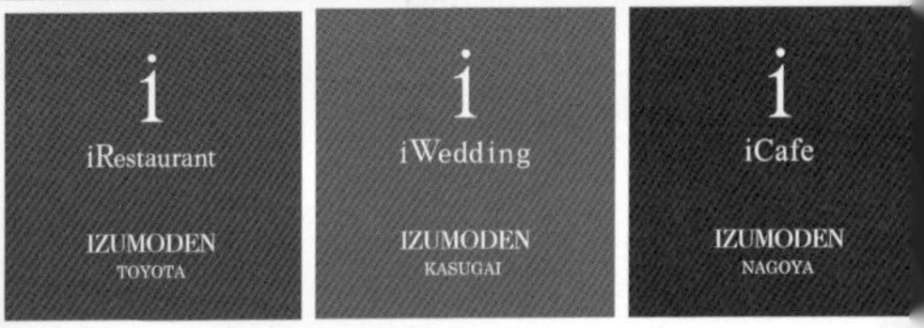

石言葉の意味に擬えてテーマカラーを設定

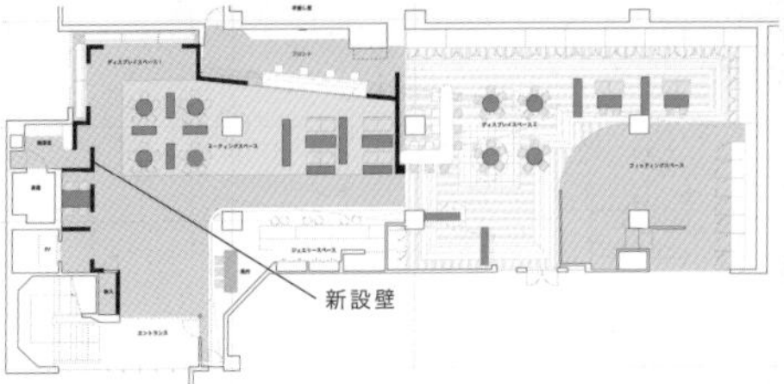

PLAN
既存の大理石を活かして、新設壁、家具、什器を配置

HITSUJI

既存倉庫をコンバージョンした羊料理専門店

HITSUJI

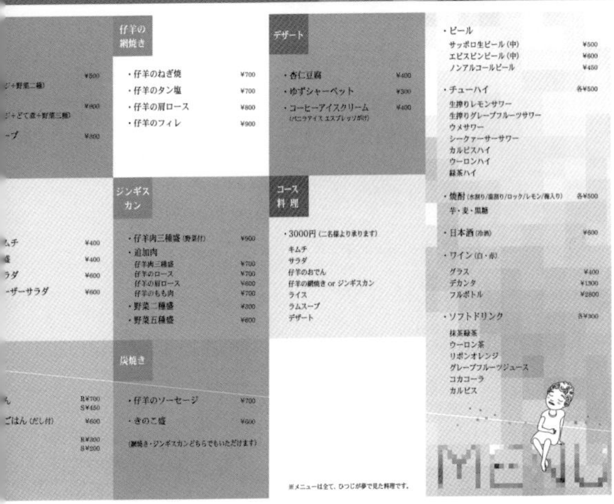

女の子キャラクター「ひつじ」が、夢の中で素晴らしい料理と出会い、お店のメニューにした物語を作成。「夢の世界」をテーマに店舗空間を演出している

PLAN
客の密度（親密度）にあわせて、無彩色の濃淡をつけた

3 diversity

多様性を生む
——ダイバーシティ

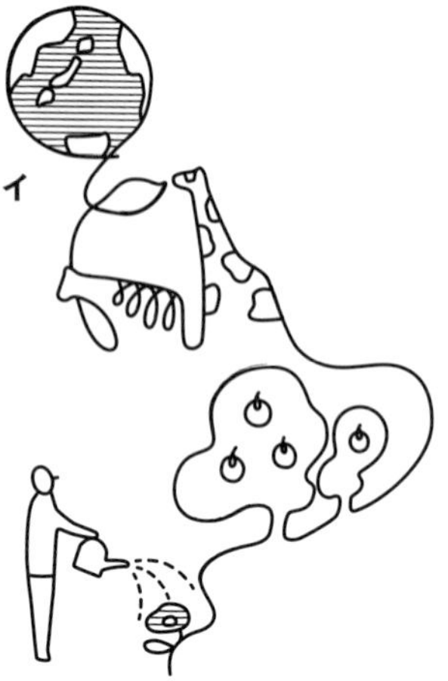

刻々と変化するニーズや多様なターゲットを世界規模で把握するために、〈ダイバーシティ（Diversity）〉という考え方が重要視されている。一般的に、ダイバーシティは多様性や相違点という意をもつ。環境の変化に柔軟かつ迅速に対応できるように、人種・国籍・性・年齢を問わずに人材を活用することを指す。社会学上では、各企業や組織、団体のアイデンティティを維持しながら相互に尊重することで、文化交流による価値観や意識の改良が進むとされている。また、個々の多様性が集団の経験値を総合的に高め、互いに尊重し合うようになる。生物学上では、2010年に生物多様性条約第10回締約国会議（COP10）[注1]が開催されたこともあり、生物多様性（Biodiversity）というと馴染み深い言葉ではないか。

大学卒業後、尊敬する建築家から、その土地がもつ自然環境や伝統芸能、工芸などと一緒に、潜在的に眠る風土と向き合うことが将来の糧になるとアドバイスを受けた。その言葉を真摯に受け止め、沖縄に渡る。沖縄の文化に触れるなかで自然環境との対峙だけでなく、精神的かつ神秘的な体験をする。例えば、沖縄県南城市にある史跡、斎場《せーふぁ》御嶽《うたき》は、世界一の透明度を誇る海に浮かぶ久高島（別名：神の島）と呼応するように2つの岸壁が隙間をつくり、言葉では言い表せない神秘的な空気感を醸し出している。御嶽では、神人《かみんちゅ》といわれるユタ（霊能者）によって、神と交信する姿を見ることができる。科学的な根拠は立証されていないが、都市生活では触れることのない、どこか懐かしくもある宇宙観、生命の鼓動のようなものを感じずにはいられない。

この頃、動植物界、人間界における超常現象を探求した研究者ライアル・ワトソンの著書『スーパーネイチュア』(蒼樹書房、1974年)に出会った。スーパーネイチュアとはワトソンの造語であり、科学で説明のつかない自然現象や神秘の理由の背後には、地球規模のシステム、あるいは相互につながり合うネットワークがあると示唆している。同じく、世界30か国のふつうの暮らしを綴った書『地球家族』(ピーター・メンツェル、1994年)やイギリスの生物物理学者ジェームズ・ラブロックの唱えるガイア理論「地球はそれ自体がひとつの生命体である」という考え方に基づき制作された映画「地球交響曲(ガイアシンフォニー)」にも出会う。これらに共通していたのは、人間の存在が、宇宙という大きな命の一部であり、目に見えない何かでつながっているということ。

〈ダイバーシティ〉をデザイン学上で位置づけるなら、目に見えない多様な「つながり」を地球規模で捉え、潜在的な現象を顕在化することといえる。例えば、「フェアトレード[注2]」の普及活動をみると、低賃金労働を強いられる途上国での雇用を創出し、途上国の貧困解消や経済的自立を促すねらいがある。先進国が価格競争に重きをおき、安価な食料や衣料などの商品の取得を望むあまりに、地球の裏側ではそのシワ寄せが生じている。商品そのものを見るのではなく、商品がつくられている過程を把握し、まさに地球規模のつながりを顕在化するデザインが求められている。

注1:2010年10月に名古屋市で開催された、生物多様性条約(CBD)の10回目となる締約国会議(COP)。遺伝資源の採取・利用と利益配分(ABS)に関する枠組みである「名古屋議定書」や、生物多様性の損失を止めるための新目標である「愛知ターゲット」などが採択された。

注2:発展途上国の農産物や雑貨などを、適正な価格で継続的に輸入・消費する取り組みのこと。

gre・co

緑化路面駐車場がつくる集いの場

都市部における環境問題として、駐車場などの空地の増加が要因となりヒートアイランドや乱立する屋外広告物による景観問題などが挙げられる。例えば、路面駐車場や未利用地を含む空地の割合は、名古屋都心部（名古屋駅から栄地区）で約8%（2004年度）であり、現在ではさらに増加傾向にある。経済低迷から開発計画が中止され、そのいくつかは路面駐車場に。過密化した都心部において路面駐車場の増加は、風通し良く、日照条件を良好にし、街路を閉鎖感から開放する効果に加え、災害時の一時避難場所として期待できる。問題は乱立する看板やアスファルトの地表面など、その設え方にあるのではないか。

他方、電気自動車普及のため充電設備を整備する動きが広がっている。無味乾燥としたガソリンスタンドが都市内に拡大したように、電気自動車の充電ステーションが同じような設えでよいのか。

我々はこうした路面駐車場に着目し、「グリコ（gre・eco）」と称した、太陽発電や電気自動車の充電設備、自由度の高い緑化システムを設置することで環境共生できる持続可能なモデルを提案。「gre・eco」とはgreen（グリーン）とeco（エコ）からなる造語であり、産学官が連携した実証実験などいくつかの事例を実現。例えば、名古屋市中心部のホテル、ウェスティンナゴヤキャッスルの駐車場では48台分を緑化し、歩道側には高木を植え、地域の住民や子どもたちが集う環境学習の場をつくっている。また、太陽光発電パネルを用いた電気自動車の充電設備とLED照明のサインを融合した壁面緑化を設置。さらに、災害時対応の自動販売機を設置することで一時避難場所としての役割も担う。

一番の特徴は、既設アスファルトの上面に緑化できること。そのため既設アスファルトが産業廃棄物になることはない。屋上緑化などと比較すると、利用者や歩行者が身近に体感でき視認性が高く、施工費用も安価。我々がおこなった調査では「無機質な駐車場が景観的に美しくなり、心が癒される」「広まると街が美しくなる」など駐車場緑化を望む多くの声があった。

都市全体から見ると小さな路面駐車場であるが、そこに緑化など演出を施すことで、子どもたちの遊び場やフリーマーケットなど市民活動の場となる。実際に緑化した駐車場には、バッタやテントウムシなどの昆虫を見ることも。近代都市化のなかで排除してしまった市民が集え、動植物が生息する多様な場〈ダイバーシティ〉を、もう一度生み出すデザインこそ必要とされているのだ。

That's paradise

固有の風土を伝承するインスタレーション

2000年から始まった「大地の芸術祭——越後妻有アートトリエンナーレ（以下、芸術祭）」は3年ごとに世界最大級の規模で継続的に開催されている。この意義ある芸術祭に、我々も作品参加と調査研究する機会を得た。

2008年6月、一般の作品公募枠で提出した「九段集さ藍（くだんあづさあい）」が選ばれた。敷地は日本一の河岸段丘がある津南町の丘陵地を選択。調査をすると河岸段丘の周りに古代遺跡が多く、かつてはこの地域に相当な人口が集中していたことが分かった。特に津南町は、日本最多、9段の河岸段丘を形成する独特の地形。「九段」の段丘を作品に活かそう。他方、集落からの要望に「紫陽花園」を活かした提案を望むとあった。紫陽花の色の特徴には、土壌のpH濃度による花色の変化がある。また、紫陽花の語源は、「集めるの意＝あづ」と接頭語「さ」＋藍色＝さあい、から「あづさあい」に派生し「あじさい」と定着した。そこで、　紫陽花の語源に擬え、紫陽花の色に類似した家具や日用品など廃品（さ藍）を収集（あづ）する。設置する廃品は河岸段丘の数に合わせ9段階に色分けして、グラデーションをつくり、紫陽花園の色と溶け合った作品となる。

芸術祭の終了時には、廃品（さ藍）は祭りの宴とともに燃やして灰に。土壌のpH濃度によって花の色が変化する性質を利用して、翌年の紫陽花の色はピンク色に変色する。廃品が植物の色の変化へと姿を変える輪廻転生の物語を作品に込めた。予算は規程の1/3で申請し承認された。できるだけコストを最小限に、しかし住民や地域への波及力は最大限になることを意図した。冬は日本有数の豪雪地帯のため準備ができない。そのため、夏から秋にかけ土地の測量調査から住民への働き掛けをするなど準備を進めた。

2008年の暮れ、総合プロデューサーの北川フラム氏から1本の電話があった。敷地を「津南町」から「松代町」へ変えてほしいとの主旨。当初は、同じ案での移転も考えたが、対象敷地が変われば、九段段丘の意味もなくなり物語の根拠が稀薄になる。一大決心、いままでのコンセプトと準備を白紙にし、一から案を練り直すことにした。2009年、雪も溶け始めた春、松代町の調査に。そして、集落の屋根形状や基礎の形態、敷地内の建物の配置など豪雪地帯だからこそ、生活に工夫した農村の特徴を発見し、それらを表現した「ツマリ楽園（That' s paradise）」を制作した（83ページへ続く）。

gre・co

既存アスファルト上に植物ユニットをおくことで駐車場と庭を融合

gre・co

名古屋の都心部では、路面駐車場など空地が約1割に及ぶ

サインの大きさを既存より3割減少。代替として
コーポレートカラーの植物で表現する。

電気自動車の充電器と太陽光発電パネルを設置して
蓄電するなど、災害時の避難場所としても機能する

子ども達が植樹や植栽できる環境学習の場

名古屋城の御堀と隣接する48台分の大規模
な緑化駐車場。夏にはカメも観測された

That's paradise

妻有の日常風景を切り取ることで客観視できる

特徴ある家屋の形状や集落の配置をデフォルメした

That's paradise

妻有の特徴ある家屋の形態や集落を測量。地元住民の方々に、妻有の伝統や逸話、集落の生活の様子などをヒアリングして廻った。作品は地元の幼稚園児や小学生と一緒にワークショップ形式で制作した

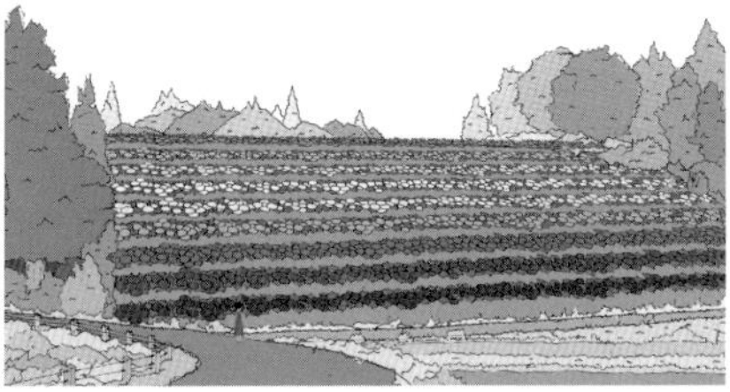

一般作品公募で選出された「九段集さ藍」作品イメージ

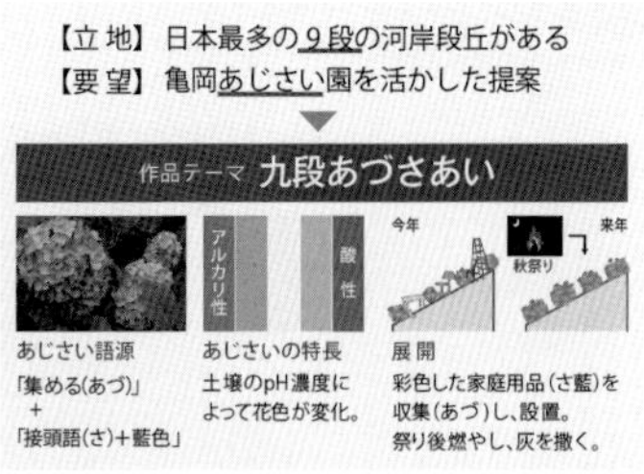

9段の河岸段丘と紫陽花の色の特徴を表現した

松代町の何軒も地域住民の方々へヒアリングを重ね、その歴史や古くからの言い伝え、習慣などを聞いて廻った。高齢者が多いなか、皆が快く家屋の中に招き入れ丁寧に想い出を話してくれた。そこには、集落の屋根形状や基礎の形態、敷地内の建物の配置など豪雪地帯だからこそ、生活に工夫した農村の特徴を見ることができた。

松代町の特徴ある家屋のつくりと農村の生活をデフォルメ(強調)しよう！　家屋の形態をデフォルメした模型、敷地内に母屋、離れ、納屋、倉庫など建屋の間隔や高さ、角度もデフォルメして点在させよう。自らの日常生活を凝縮した環境を、敢えてスケールモデルで提示することで、住民は普段、当たり前に見過ごしてしまう価値に気づき、見慣れた風景も違ってみえるのではないか。また他地域からの来訪者には、家屋の形態や集落の配置が、新鮮でありユーモアを感じるのでは。さらに、家屋の窓を通して見る景色には、松代町の地形を特徴づける眺望が体験できるよう細工を凝らした。つまり、妻有(ツマリ)の日常風景こそが象徴であり、住民にとっての楽園なのだ。

せっかく楽園をつくるなら、これからの未来を担う子ども達と一緒につくれないものか。地元の幼稚園、小学校にも手伝ってもらい子ども達とのワークショップによる制作をおこなった。家屋の模型づくりを通じて、子ども達が日常を客観的に感じ、発見し楽しむ姿をみた。学生も私もなんだか嬉しい気持ちになった。これこそ、楽園(Paradise)なのではないか！

対象敷地も夏になると草が伸び放題。地元老人会の皆さんが一緒になって草刈りを手伝ってくれた。お返しに、交替で現地入りする学生達が、農作業を手伝うなど交流も深めた。これら一連の作業が、我々の作品だと認識している。そして、この芸術祭の成功は、単に作品の設置だけではなく、そのプロセスや地域住民との交流までを含めた環境を演出しているからだと実感した。しかし、子ども達が制作することを想定した家屋模型はスケールやデフォルメ具合が不十分であった。もう一歩、学生達と空間のあり方と集落の捉え方までスタディを詰められたなら……自らの指導のあり方を悔やむ。

4 guild 伝統をつむぐ——ギルド

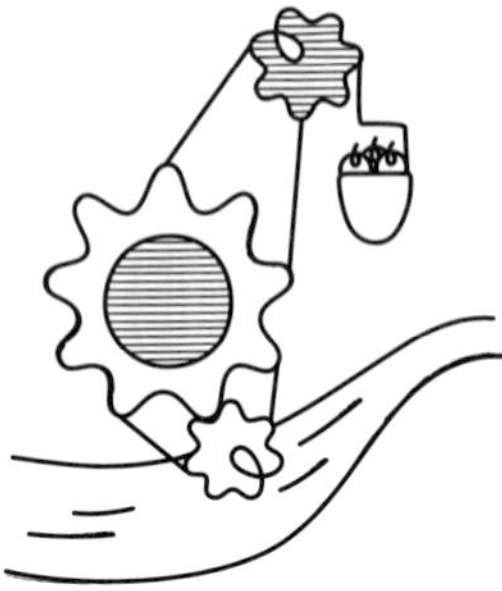

日本文化を継承した伝統工芸と最先端技術を融合させた例として、人間国宝の室瀬和美(1950 ～)が、自らの手で蒔絵と螺鈿《らでん》を組み合わせて制作した芸術品のような携帯電話がある。職人の技術が詰まったこの携帯は、1台で数百万円というから驚きである。国内には、伝統、技術、ノウハウ、技巧など、「職人の技」ともいえる資源が多数存在している。そして、こうした資源を活用することにより、世界市場でも通用する製品・サービスの開拓が可能となる。

中小企業庁では、2004年度から商工会や商工会議所などが主体となって、地域産業をコーディネートし、海外市場で通用するブランド力の確立を目的とした「JAPANブランド育成支援事業[注1]」をおこなっている。毎年、約30件のプロジェクトが採択され、国際見本市での展示や海外市場へと参画するなど、地域に眠る「技」を世界へと発信している。

中世ヨーロッパでは、熟練の職人による組合を〈ギルド(Guild)〉と呼んだ。ギルドには、徒弟制度と称される厳格なシステムが存在し、親方・職人・徒弟の3階層によって技能教育がおこなわれていた。製品の品質・規格・価格などは厳しくギルド内で統制され、職人による技能の維持が、品質の担保につながっていた。販売・営業・雇用および職業教育に関してもイニシアティブを取り、他業種との共存共栄することを可能にしていたのである。

日本にも年季奉公や丁稚《でっち》などの制度があり、主に大工や手工業の分野では、棟梁や親方と呼ばれ、徒弟、職人を束ねる存在であり、親方となってようやく一人前とされた。私の世代でも、建築設計やデザインの世界には徒弟制度が残っていて、設計やデザインのノウハウは、給料を貰うための仕事ではなく、技を盗むための修行であった。

日本を代表するインダストリアルデザイナー・榮久庵憲司[注2]（1929 ～）は著書『道具論』（鹿島出版会、2000 年）において、「道具」とは「道に具わりたる」と提唱している。中国では、抽象概念として「道」の修道に具えることを意味し、道具という熟語は仏道において用いられていた。仏道の「道」と、その「具え」とがひとつになって道具となった。すなわち、大工道具なら、大工道が具わりたる者が持つわけである。美しいや素晴らしいと心から思える商品や空間には、道を極めた職人の細部への拘りや技巧によって実現しているからだろう。ヒューマンスケールで体感できる繊細な美学こそ、長く使い続けたいという気持ちを育み、そのモノや空間が継承されていく。いまや完成されたモノや空間が使われ続けることで味となり、それをつくった技術もまた継承されていくシステムまでもがデザインの対象なのである。

大量生産、大量消費の時代から、少量生産による付加価値の創造が求められる現代。社内技術を継承し成長させるため、職能を身につける教育システムと、その職能を誇りに思い、世界を相手に対価を得る経済システムが重要となる。熟練の手による技能・技巧〈ギルド〉は、何より愛着心や使い続けたいといった所有価値を生むのである。

注 1：中小企業庁が主催する事業で、地域の特性を活かした製品の魅力や価値を更に高め、全国や海外のマーケットに通用するブランドを確立するために、商工会・商工会議所等が地域の企業等をコーディネートし総合的に支援をおこなっている。

注 2：1952 年に GK デザインを設立し、キッコーマンの醤油瓶（1961 年）から家電製品、オートバイ、鉄道車両などを手掛ける工業デザインの草分け的存在。著書に『幕の内弁当の美学』（ごま書店、朝日文庫、1980 年）などがある。

M's collection

時代を風靡したアクセサリーブランドの再生

M’s collection（以下、M’s）は、名古屋のシルバーアクセサリーの老舗企業である。創業者は、鵜飼雅之（1953 ～ 2007）。社名は、雅之のコレクションとして、頭文字を取って命名。製薬会社の社員だった鵜飼氏は彫金教室に通うようになり、数年後、恩師から独立を薦められる。34 歳のときに、5 坪ほどの店舗を開店した。

当時の日本には、男性向けのシルバーアクセサリーは皆無。そこで男性用アクセサリーを考案し販売。これが男性ファンの心を掴み、全国に知れ渡るように。

次第にシルバーアクセサリーの職人達が集まるようになり、職人達が互いに繊細な技巧、芸術的な技術、他にない表現を競い合い発表するようになる。そのひとつが、ロックテイスト。いまはシルバーアクセサリーの代名詞ともいうべき抽象的で、少し厳つい造形を施したロック系のスタイルもM’sから始まった。腕利きの職人が集まり切磋琢磨できるよう組織化するだけでなく、次世代の職人を育てるための彫金教室も開設。

90 年代に入ると、店舗の規模も拡大し、徐々に店舗数も拡張。1999 年には東京・渋谷にも進出し、レストランやカフェ、インディアンジュエリーの輸入店なども経営。その後、全国 20 店舗を超え、自社ビルを建設するなど急成長を遂げていく。そこへ 2002 年から空前のシルバーアクセサリー・ブームが到来。ジャニーズやロックミュージシャンなど有名芸能人が愛用したことも追い風となる。しかし、空前のブームは類似ブランドを急増させる。そんななかブームも下火になり、2007 年 3 月、創業者の鵜飼氏が急死。M’sの存続は危ぶまれるなか、息子へとバトンは渡された。

現在、2 代目社長とともにM’sを再生すべく、ブランドディレクションを担っている。まず取り組んだのは、残すべきものを見極めること。M’sは設立当時より全ての製作工程において「ハンドメイド」にこだわり、他にはみられない個性的なデザインと、技術力を活かした高いクオリティーを追求し、遊び心に溢れるアクセサリーを提案し続けてきた。この本質〈ギルド〉を継承しながら、ブームに流されないターゲット設定やブランドの軸を再構築。先行して、M’sが手掛けているある有名アーティストのアクセサリーデザインで実践。そして、商品開発や委託販売のあり方、店舗計画までを一貫したコンセプトで、新生M’sは産声を上げる。

The Sofa

たぐいまれな技術をもったソファブランドの開発

高級ソファというと、カッシーナやモルテーニなどの海外メーカーが連想されるが、国内でも同質の生産技術をもつ会社がある。なかでも厚革を用いるノウハウのある会社はまれ。広島県福山市にある心石工芸は、革張りソファで厚革技術を扱える会社。例えば、2.4mmの分厚い革はハサミでは切れないし、業務用ミシンでも縫えない。そのため裁断には革包丁が使用され、縫製など加工には特殊機材と職人の技が必要となる。特に厚革の縫い合わせた部分を磨いて仕上げる「コバ磨き」は、鞄や靴職人でもできる人材は稀少である。

その製造工程はどうなっているのか。まず、デザインをもとに制作図が描かれる。仕上がりが想像できるよう、手書きの原寸図をつくる。次に、ソファの基盤となる「木枠」を制作から「下張り」「革の裁断」「縫製」「上張り」と何工程も掛かる。心石工芸では、これら一連の製造工程が外注に頼ることなく実践されている。まさに技術力の集積の賜物〈ギルド〉だ。

心石工芸の技術力を活かしたブランディングと新しいソファのデザインを、2009年から2年間掛けておこなってきた。「永く使える心の贅沢」をコンセプトに、心石工芸から独自に発信するブランド「心石（KOKOROISHI）」が生まれた。そして日本人の生活と気候に適したソファの王道と呼ぶべく、「ザ・ソファ（The Sofa）」をデザインした。

2010年夏には唯一の直販店舗である福山のショールームもリニューアル。ソファは日本人の生活に定着して間もない。その多くは海外メーカーからの輸入品が占めている。欧米と日本では、住環境を取り巻く気候風土や身体の体型も寸法も異なる。そもそも欧米では、靴を履いたまま座ることが想定され、置かれるリビングも何倍も広い。そこで追求したのは、日本の気候風土に適し、日本人の体型と文化性を加味したソファをデザインすることである。

具体的には、湿気を逃がす背もたれ形状は、ゴミが溜まるなどの清潔感の維持にもつながる。また、身体寸法の対応だけでなく、床座での振る舞いや行為にも心配りしたデザインとしている。日本の住環境に合わせたソファと周辺家具をデザインすることから、ソファによって演出されたライフスタイルを提示したのが、「ザ・ソファ（The Sofa）」である。これこそ日本人の生活に適した「ソファの王道」と呼ばれるべく、心石工芸の技術を余すことなく凝縮した。おそらく販売価格も国内製品最高である。

M's collection

M's collection の技巧を凝らしたある有名アーティストのためのアクセサリー

M's collection

M's collection

旧ロゴタイプ

M's collection

新ロゴタイプ

オリジナルデザインを継承しつつ、現在のニーズに合うようシンプルさと優美さを取り込みブラッシュアップした

❶ WAX取り
量産用に切り出したゴム型に、(インジェクション)ワックスを流し込み複製を取る作業

❷射出成形加工
流し込みの際に出るバリ取りや、リングの場合はサイズ直し等をおこない、ツリー状に立てる作業

❸炉
地金により炉を使い分ける(加圧式や真空遠など)

❹キャスト上がり
ツリーになっている状態から一つひとつ切断していく

❺磨き
湯口(流し込んだ場所)を取り除き、幾つかの工程を経て商品になります

❻完成
陰影がでて質感あるシルバーアクセサリーが完成

shop bag

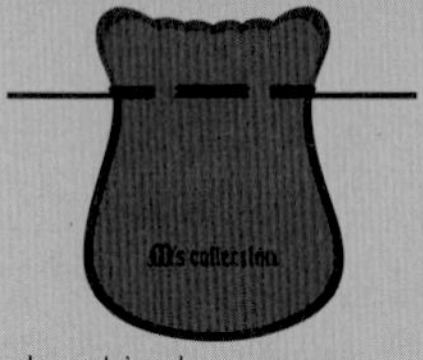

drawstring bag

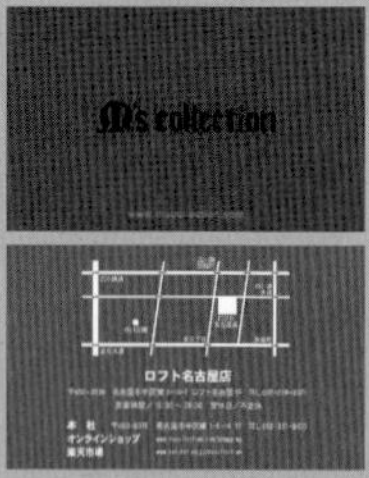

shop card

package

ribbon

warranty card

従来までの「黒」と「白」のテーマカラーに、アクセントカラーとして「ブルー」を加えた。ロック調の力強さに加え、神秘性や優美さといった新たな要素を引き出した

shop

新生 M's は、固定店舗をもたず、ウェブサイト上だけで広報、販売活動をする。SNS を活用して従来からのファン層に加え、新たな顧客へと拡大を狙う。実際に手に取ってみたい、着用したいといった顧客の期待感に応えるべく、年に数回だけ仮設的に店舗を開店する

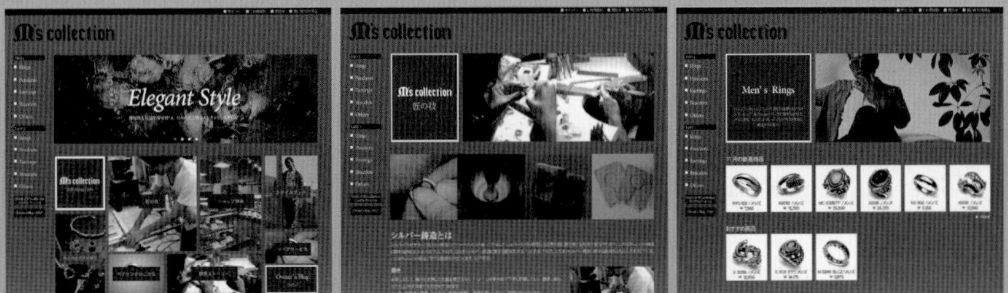

web

制作加工の工程を公開し、アクセサリー職人の技術や技巧を紹介している

The Sofa

The Sofa

厚革の接合部には手仕事となる「コバ磨き」が施され、ソファの立体感を引き立てる。各部材を黄金比を用いた比率で構成することで、重厚感と優美さを表現している

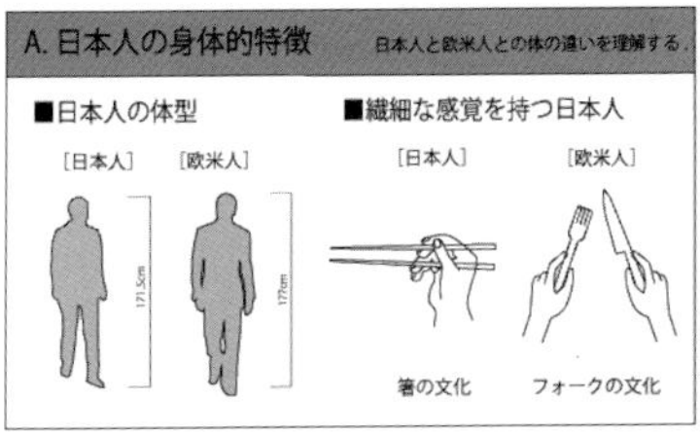

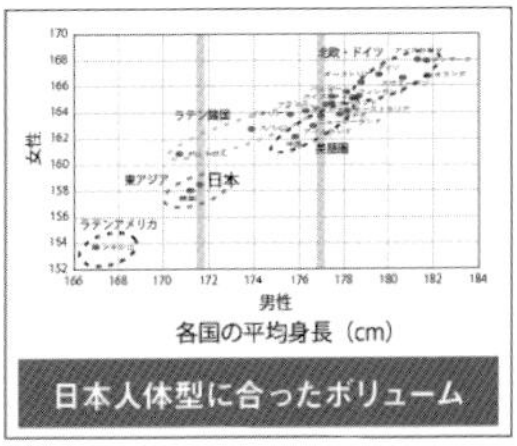

日本人体型に合ったボリューム

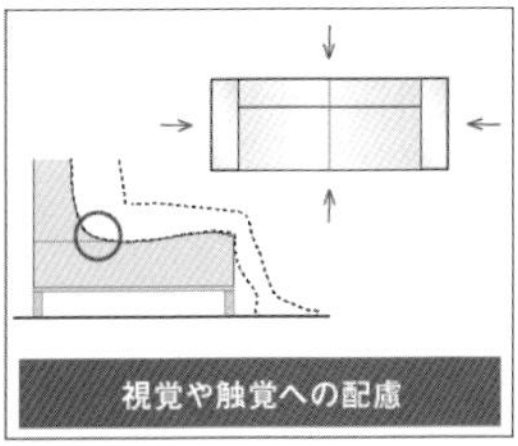
視覚や触覚への配慮

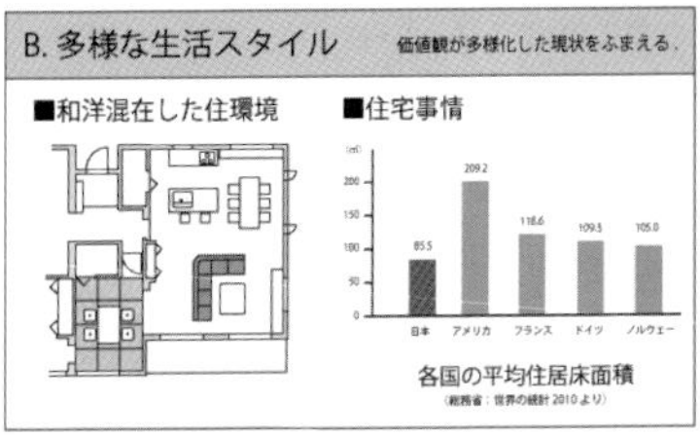

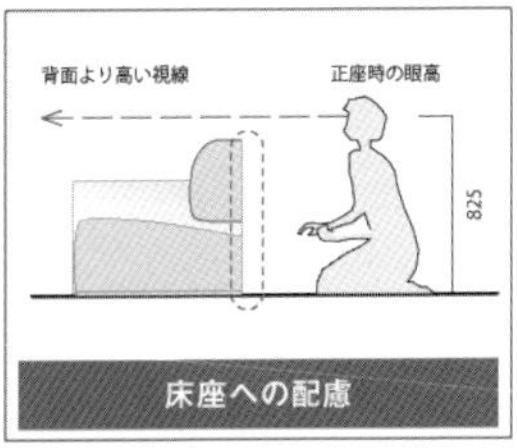

床座への配慮

ソファ周りでよく使うものなど

雑誌	W～230 ×H～300
ワイングラス	約φ70
新聞（4つ折り）	W200 ×H300
ノート PC	W381×D245
手の大きさ	≦W200

少数家具でも快適な空間づくり

日本の湿度が高いなどの気候風土や日本人の体型、床座のライフスタイルや清潔感ある心配りまでデザインした。きちんと座ることができ長時間でも疲れることがない形態を探求している

❶木枠
ソファの基盤となる「木枠」の制作。材木と合板を組み合わせ、バネを乗せる部分、力のかかる部分など適所に適材の材木を選定。この段階の細かい作業が仕上がりの美しさを左右する

❷下張り
木枠にバネを張る。この際、バネ、ポケットコイル、ウェービングテープの使い分けが座り心地に大きく影響する。バネを張った上にウレタンを積層させ、ソファの外形と柔らかさが決まる

❸裁断
革の裁断は、革の傷をよけながら型を取っていく。傷を判別するのも職人の技能となる

❹革裁断
革には柔らかい部分や、硬い部分があるので、同じ形でも少しの引っ張りの加減で形が異なる。作業道具の種類も多く、使い分けにも熟練の技がいる

❺縫製
立体的に「縫製」することでソファの形状はつくられる。革が厚い分、縫い重なりはさらに厚くなるため、縫いながら小さな切り込みを入れるなど、張り上がりが美しくなるよう工夫が随所に施される

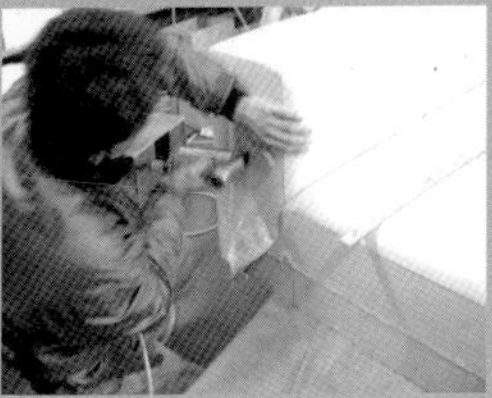

❻上張り
最後の仕上げ作業。ヌードと呼ばれる縫製された白いカバーを張り、手で撫でながら、ソファの外形にカバーをかける

5
affordance

動きを 誘発する

———アフォーダンス

世界市場で売れている商品や人気の店舗を見ると共通して、使用者の無意識の行為を引き出すデザインがされている。変形した形状や凹凸のつけ方、素材の並べ方などによって、思わず「押してしまう」や説明がなくとも「扱える」など、使い手の行為を誘発する仕掛けが施されている。例えば、座るのに適した高さの箱があり、その上に座りやすそうなクッションが並べてあれば、「椅子」という文字と説明が書いてなくても、座れるものだと分かるだろう。これはこのモノが使用者に、「座る」という情報を提供しているからである。

このような仕掛けを〈アフォーダンス（Affordance）〉という。アフォーダンスとは、アメリカの知覚心理学者ジェームズ・J・ギブソン[注1]（1904～1979）による造語であり、「与える、提供する」という意味の英語affordが語源である。

「動物とモノの間に存在する行為についての関係性」を意味し、平たくいうとモノ自体が人間に情報を提供（afford）しているという考え方だ。ギブソンが提唱したこの理論を、デザインの分野に持ち込んだのがドナルド・ノーマン[注2]（1935～）である。ノーマンは、ギブソンが提示した「環境が動物に対して与える意味」という理論を、「人をある行為に誘導するためのヒントを示すこと」と解釈した。分かりやすいカタチを取り付けることで、使用者の動作をより強くアフォードすること。いうなれば、デザイナーがアフォーダンスを意図してデザインすれば、モノをどう取り扱ったら良いのかは、モノの方から強い手掛かりを示してくれるという。デザイナーは、モノの「美しさ」や「格好良さ」だけでなく、モノから人間が知覚する「感性」までもデザインする時代だといえる。

一方、世界から見ると日本人は「感性」に秀でた人種であるといわれる。例えば、「茶道」とは、客をもてなす所作だけなく、茶碗に始まる茶道具から茶室の床の間に掛ける禅語などの掛け物、個々の美術品だけでなく全体を構成する空間が一体となり、茶事として進行するその時間までもが含まれる。そこには、もてなす人と人、人と空間の関係、さらには人をもてなす際に現れる心の変化までもが尊重される。また、谷崎潤一郎の『陰翳礼讃』（1933 年発表、改訂版は中央公論社、1995 年）には、日本人だからこそ感じることができる陰影の美学が記されている。月夜の光が、縁側の障子越しに部屋に入り、漆器のなかの吸い物に映し出される影に美学を感じる心。蝋燭の揺らぎと提灯の和紙、襖に現れた影の移ろいに落ち着きを憶える感性が、私達にはあることを再認識させられる。

このように日本人は、モノや空間の微細な変化から意図を汲み取ることができる優れた感性をもっている。日本の機能や効率を追い求めた技術や技能が、高度成長期を支え世界に賞賛されるのは周知のこと。しかし、その技術志向が商品の複雑さや不明瞭さを露呈させたのも事実である。いま必要とされている商品や空間とは、使用者の心（感性）を磨き、五感で体感できる仕掛けから無意識な行為を誘発〈アフォード〉するデザインなのである。

注 1：知覚研究を専門とし、認知心理学とは一線を画した直接知覚説を展開し生態心理学の領域を切り拓いた。国内でも理論の研究やデザインへの応用など多岐に広がっている。佐々木正人著『アフォーダンス・新しい認知の理論』（岩波書店、1994 年）などがある。

注 2：アメリカ合衆国の認知科学者、認知工学者。人間中心設計のアプローチを提示し、ヒューマン・インターフェイスやユーザビリティに多大な貢献を果たした。著書に『誰のためのデザイン ?』（新曜社、1990 年）などがある。

HALLOW

都会の中の“森”を活用した家具

都市内の緑化活動が活発になっている。名古屋市では全国に先駆け、2008年度から「緑化地域制度」を施行。名古屋市内の緑被地の変遷を見ると、戦前の市街地は緑で被われていた。しかし、戦災により当時の市域の25%、中心市街地の約60%を消失。また、1959年は伊勢湾台風によって、約3万5千本の街路樹が被害を受けた。1960年代は都市整備が整い始め、人口、市域面積が大幅に増加し市街地が拡大。1970年代以降、大規模な緑被地は姿を消し細分化が進み、現在に至る。再度、緑被地を持続しながら拡大するには、維持管理が重要となる。

名古屋市の主な維持管理業務は、日照や電波を遮るなど市民からの要望や落ち葉の事前対策とした剪定や伐採と、市民を対象にした講座の開催など。剪定や伐採される街路樹は、樹種によって夏・秋・冬と3度に分け年間約6万本。2000年2月の市の「ごみ非常事態宣言」をきっかけに廃棄物バイオマスの利活用を図り、持続可能な都市システムを創造するバイオマスタウン構想が発令。それまで産業廃棄物として扱われていた公園の樹木や街路樹の剪定、伐採された剪定枝が、100%燃料チップ化される。しかし、剪定枝のなかには、直径20センチを超えるものも。単にエネルギー資源への転用として捉えた構想には、幹の大きな樹木の剪定枝であっても一様に処理されるのが現状。燃料チップ化される過程で、大きな材ほど処理予算とエネルギー負荷がかかるという効率の悪さ。さらに、大きな剪定枝は、木材資源として十分な価値がある。そんな問題を解決すべく活動しているのが、長坂 洋氏などが取り組む「都市の森・再生工房」。2006年に発足し、2007年から活動を開始。街路樹や公園の樹木といった公共団体所有の剪定枝を譲り受け、これを都会のなかの“森”と見立て、レンタル什器や家具の製品化、子どもを対象としたワークショップなど多岐にわたる活動に転用(リサイクル)している。

2007年よりこれらの剪定枝を活用した「HALLOW(ホロー)」プロジェクトに取り組んでいる。「HALLOW」は、木材に使用者が知覚しやすい「Hollow(凹み・穴・隙間)」をつくり、「Hollow」の呼びかけ(Hallo)に、使用者の行為が誘発され自由な発想を生み出すこと〈アフォーダンス〉を意図した家具やプロダクトを示す造語だ。意図した機能が形態と一対の関係にあるデザインとは異なり、形態が使用者に機能を考える「ゆとり」を与えるデザインである。

Heart Tower

世界初・市民が照らすテレビ塔のイルミネーション

2010年12月、名古屋テレビ塔は、世界初となる市民参加型の光の演出を実現した。1954年6月に日本初の電波塔として竣工。50年以上にわたりテレビの電波を送り続けてきた塔が、2011年7月にはその役目を終えようとしていた。そこで、電波塔として最後のクリスマスを迎えるテレビ塔に、市民がメールやツイッターから「ありがとう」のメッセージを投稿するとテレビ塔がその気持ちを特別なライトアップで伝えてくれるという仕掛けを計画した。市民の気持ちで光るタワー、その名は「Heart Tower（ハートタワー）」。

12月に入ると、テレビ塔はいままでの感謝の気持ちを特別なライトアップで表現し始める。市民から日常の「ありがとう」のメッセージをメールやツイッターで募集し、ライトアップとウェブ上で情報発信する。テレビ塔が色付く瞬間、それは、誰かが誰かに「ありがとう」を伝えようとしている合図である。自らがメッセージを送って、テレビ塔の色を変えてみたいという欲求もわくだろう。また、他人のメッセージを読むことで感動し、自分の両親、兄弟、親類、友人、そして妻や恋人に「ありがとう」を伝えたくなるはずだ。

いままで市民へ電波を送る側だったテレビ塔が、市民の気持ちや想いを発信するタワーへと新しい役割を担うきっかけをつくれたのではないか。鑑賞するといった一方向なイルミネーションではなく、多くの市民が無意識に関われる双方向の仕掛け〈アフォーダンス〉をデザインすることで、「市民参加型」という新しいイルミネーションと、未来のテレビ塔のあるべき姿を提示したかった。

イルミネーションの物語は、テレビ塔からのメッセージとして、ピンクのライトを5回点滅させ「あ・り・が・と・う」を表現。オープニングセレモニーでは、フルカラー LEDの技術を最大限、引き出す演出に挑戦。その後、メッセージ待機時は「メッセージ受信の期待感を表す」イエロー→オレンジ→グリーンに変化させ、メッセージを受信すると、メールからの場合はピンクに、ツイッターからの場合はブルーに発光。最新式のLEDカラー演出用の照明器具28台と新開発のLED白色投光器28台が投入されている。

企画力と技術力が融合した演出によって、1万通を超える市民から「ありがとう」のメッセージが冬の街に連鎖し、テレビ塔は「テレビの電波を送る塔」から、市民のココロを発信する「ハートタワー」へと姿を変えたのである。

HALLOW

「HALLOW(ホロー)」では、剪定枝に単純な溝や穴を施すことによって、外出時に携帯するさまざまな機器(携帯電話や音楽プレイヤー、各種カード、アクセサリーなど)を集約して収納できたり、重力の性質を利用して書籍や CD などを飾り立てておく台になったりする

最小限の手を加え、使用者の行為を誘発することで、剪定枝は木材資源となり製品として蘇る。都市のなかで育った街路樹を、廃棄物ではなく木材資源と捉え、都市生活のなかでもう一度、再利用するデザイン。市内広域な緑被地を考えると漠然としがちだが、身近な剪定枝など素材から緑化のデザインを考えることもできる

Heart Tower

テレビ塔のココロを表現するため、人間の呼吸の速度と同じ、ゆっくりとした青い鼓動

テレビ塔からの「ありがとう」を表す、5回点滅で「あ・り・が・と・う」のサイン

特別なライトアップで感謝を伝える、2分間に凝縮された色鮮やかな光のプレゼント

名古屋テレビ塔が光る

想いを受け止めたテレビ塔がひかり、
みんなの想いを街中に知らせます。

メッセージを送る

大切な人に伝えたい「ありがとう」の気持ち
をメールやツイッターで投稿する。

市民が見る

光るテレビ塔を見た市民が次は自分が
「ありがとう」を誰かに伝えたいと思う。

2010 年の想いは継続され、2011 年の冬にも実現。2010 年のメッセージの投稿手段の違いで光の色を変える仕組みから、知る人ぞ知る隠しアイテムとしてユーモアある仕掛けに発展し、口コミで広がっていった。ひとりでメッセージを送ると「緑色」に光る。恋人同士で 2 人同時に送ると「ピンク色」に光り、仲間同士 3 人以上で同時に送ると「青色」に輝く、そして「★★★★」(星 4 つ)を入れて、「ありがとう」メッセージを送ると、なんと「虹色」に光るのだ！

例えば、恋人に「君のためにテレビ塔を虹色に光らせるよ！」と伝え、こっそり「★★★★」を送ってみるなど……その場のシチュエーションに併せた使い分けと、自分だけが知る仕掛けを知ると思わずトライしたくなる仕掛け〈アフォーダンス〉だ

6 matching

異なるものと協同する
——マッチング

2010年から経済産業省ではゲームやアニメ、マンガなどのサブカルチャーを中心に人材育成や知的財産の保護、輸出の拡大などを図る官民一体の事業「クール・ジャパン（Cool Japan）」戦略を推進。これは1990年代に英国のトニー・ブレア政権が推し進めた「クール・ブリタニア（Cool Britannia）」が語源である。英国は1980年代まで経済低迷が長期化していたが、1990年代に入ると音楽・ファッション・出版・広告・デザインにとどまらず、建築・美術・コンピュータゲーム・スポーツ・映画業界などで若い世代が台頭し、コンテンツ産業立国として飛躍した。これらはクリエイティブ産業（第4次産業）と呼ばれ、国内総生産（GDP）の1割を占めるとも。この背景には、既存産業や行政事業に優れたデザイナーや建築家らを大規模に起用し、多額の資金投入や人材育成、制度的援助があった。

ユネスコ（国際連合教育科学文化機関）には、「クリエイティブ・シティズ・ネットワーク」と呼ばれる制度がある。創造的・文化的な産業の育成と強化によって、活性化を目指す都市に対し、ユネスコが国際的な連携・相互交流を支援するもの。2004年に創設され、デザインをはじめ、映画、食文化、文学、音楽など7分野がある。国内では、名古屋市と神戸市が、2008年10月に「デザイン」、金沢市が2009年6月に「クラフト&フォークアート」分野への加盟が認定されている。

同じく「デザイン」分野の認定をされているベルリンでは、1999年からポツダム広場が文化と経済の中心地となるべく計画が推進。ダイムラークライスラーシティやソニーセンターなど、一見すると高層ビルからなるハード先行型の再開発にみえる。しかし、ポツダム広場には、3つの映画館と映画学校、映画博物館の40ヵ所にスクリーンがあり、毎年、ベルリン国際映画祭が開催。世界三大映画際のひとつであるから、世界各国からの観客総動員数は約43万人(2008年)。クリエイティブ産業を担う映画というコンテンツを支えるために、ソフトとハードが融合(マッチング)されている。

都市経済学者リチャード・フロリダ(1957〜)は、クリエイティブ産業の従事者を「クリエイティブ・クラス[注1]」と定義し、企業のなかで培われてきた技術力や地場産業を支えてきた職人の技巧に、デザインなどクリエイティブの力を加味すること〈マッチング(Matching)〉で新しい産業へと転換できることを示唆。クリエイティブな才能とは、個人の能力に起因するものばかりではなく、他業種や他業態と連携することからも生み出せるのである。

さらに都市や地域間を連携して、互いの長所と短所を補完する例もある。例えば、グレーター[注2](大都市圏)やメガリージョン(広域経済圏)など、近接する都市や地域が連携することで、強い分野をより強く、弱い分野は補い合い、大企業と中小企業の連携だけでなく都市や地域レベルで経済再生を試みる。クリエイティブを生み出すための融合や交流、連携〈マッチング〉こそ、新たなビジネスの可能性を引き出し、都市や地域を活性化するのである。

注1:クリエイティブ・クラス(創造階級)とは、クリエイティブ産業などに従事し、新しい価値を創造する人材を指す。経済社会学者であるリチャード・フロリダが著書『クリエイティブ資本論』(ダイヤモンド社、2008年)の中で提示した。

注2:たとえば「グレーターロンドン」では、シティ・オブ・ロンドンと32のロンドン特別区を示す。複数にまたがる県や市をひとつの「企業体」のように捉え、ビジネスや観光などの戦略を考える地域間連携の取り組み。

5W×1H×3P

産学カケアワセのソファ開発

ソファ専門メーカー「フランネル(FLANNEL)」と2009年から産学連携プロジェクト「5W×1H×3P(カケアワセ)」を始動。Professional(企業)と学生のPersonality(個性)を活かしながら商品を生み出していくことを目的に、商品開発に必要な5W×1Hの要素を試行錯誤するProcess(過程)のなかで「カケアワセ」ていくことを意図した。その様子を、ブログやイベントを通して公開しているのも特徴。既に2つの商品を世に送り出している。

まず、学生に対して「子どもを中心に、家族とともに成長するソファ」をテーマにデザイン競技を実施。ソファの既成概念を払拭する学生だからこそできる先駆性あるデザインが期待された。一方、審査員には小学生の子どもと母親も参加。実際に子育てや日常生活での使いやすさも評価された。商品化案には、「等高重心立体(スフェリコン)」を用いることで独特の転がり方と不思議な軌跡を描く案が選定。ソファが子どもの手によって転がせることで、遊具のような遊び心が生まれるのが特徴だ。

その後、学生がデザイン検討する段階で、スタディ過程の展示会と公開ミーティングを実施。プロのデザイナーやショップ経営者など専門家が参加して、座ったときの安全性や座り心地、生産コストから販売価格まで多様な意見が交わされた。そのなかで、ニューヨークのMoMAに永久所蔵されるような「美術作品」か、世界中のマーケットで「売れる商品」のどちらをつくりたいのか？　との質問があり、学生は大きな岐路に立たされる。

次に、制作に向かうと構造の難しさに直面。曲面が多いことから、材料のロスが多くなりコストが上がることや、木枠や仕上げの方法など試行錯誤が続いた。カタチができた時点で、展示会に出品し、来場者らに評価調査。実用性や使いやすさ、美しさなど活発な意見を、製品へと反映していく。これに平行してネーミングも検討。ある同じ旋律が、異なる旋律をはさみながら何度も繰り返される様子を表現した「RONDO(ロンド)」と提案し、意見を問うた。試行錯誤の末、価格も75,800円(ナゴヤ)とお手頃な販売が実現。

学生のアイデアが販売されるまでの一連のプロセスをweb上で公開することは、あたかも「アイドルを育てる感覚」で、支援・応援できる仕組み〈マッチング〉の提示である。自分の意見が反映された商品は、結果として購買意欲につなげる販売システムを可能にした。

ROBOBASE

産業ロボットの教材活用への展開

中部圏はいわずと知れた第二次産業地域。産業別の比率をみると、製造業の割合では全国平均が26%に対して愛知県は39%。なかでも電気電子器具、機械器具の製造は全国一。いうなれば、全国一の技術力を培った企業が集結している。この技術(武器)を活かさない手はない。三重県桑名市にある産業用ロボットを設計・開発する企業「グローバックス(GLOBAX)」と産学連携を取り組んでいる。

ロボベース(ROBOBASE)と名付けたロボット情報発信基地を開設。ロボットの販売や二足歩行ロボットによるパフォーマンスショーの開催、ロボット教室の運営をおこなっている。特に力を入れているのは、小学生を対象にしたロボット教室。ロボット教室では、ロボット開発に必要な知識や仕組み、工具の使い方を学び、ロボットを実際に製作する。理科離れや創造力の低下が懸念される現代の子ども教育において、ものづくりからプログラミングまで学ぶことができ、学んでいく過程において「工学的知識」「科学的思考法」「想像力と創造性」などさまざまな能力を育むための仕掛けを施している。こうした教育プログラムは4年間で構成。紙や金属、プラスチックなど素材の把握と加工から始まり、2年目には圧力やエネルギー変換、モーターなどの動力や機構を学び、3年目に電子回路に関する知識と技術を得て、4年目にはマイコンのプログラミングによってオリジナルロボットの開発を目指す。

さらに、子ども達が愛着と親しみをもちやすいように、「ベースくん」というキャラクターを生み出した。「ベースくん」の身長は140cm、体重は35kg、出生地は三重県ロボット工場、パワー源は特殊充電池、頭脳はバージョンアップ人工頭脳、手は特殊吸盤により米粒でももつことができる、好きな物はダンスで苦手な物はカミナリ、「いつか人の役に立ちたい!」と願っている。このようにキャラクターに個性をもたせることによって、子ども達は「ベースくん」をリアルにつくりたいという夢を描きながら、ロボット技術を学び続ける。

ロボット産業で培った技術力を、子ども教育へとシフトすることは、未来を担う科学者やエンジニアを育成するだけでなく、新しいビジネスも開拓できる。既存の産業構造に、大学研究室が連携することでクリエイティブな新たな産業〈マッチング〉が生まれるのである。

5W×1H×3P

RONDO

PIVO

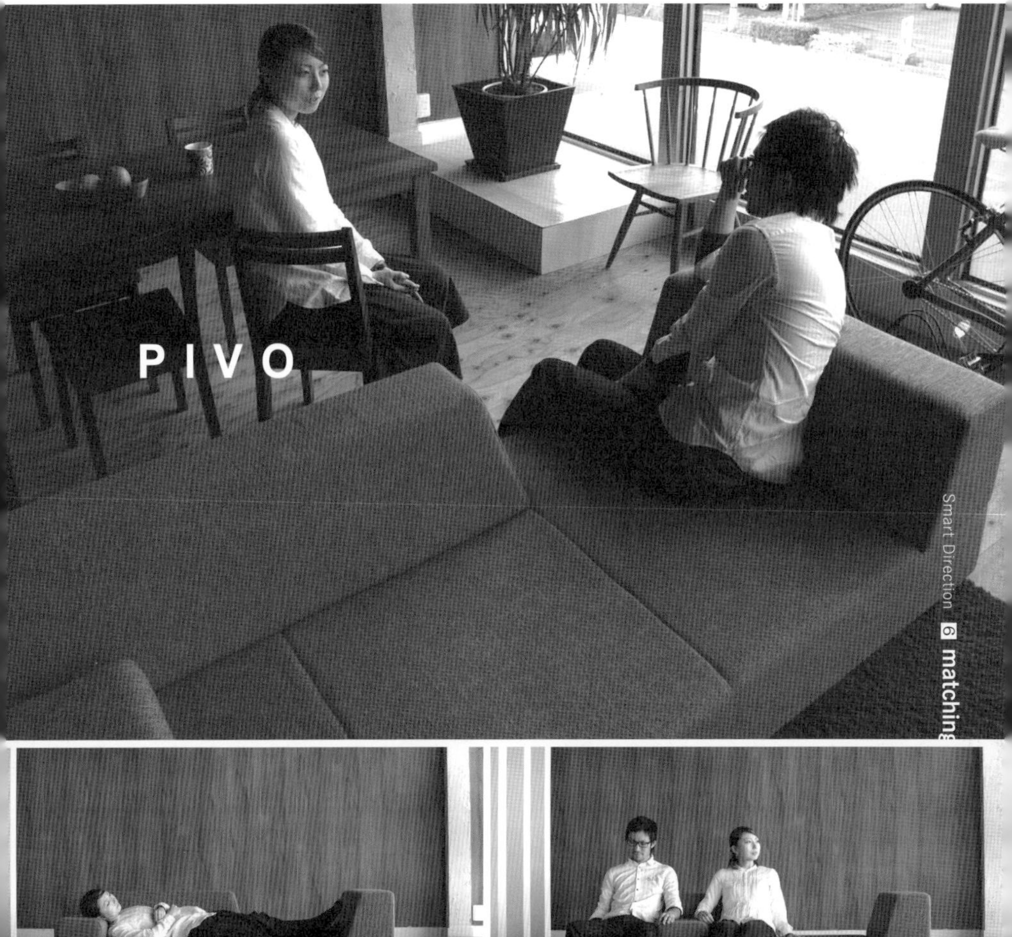

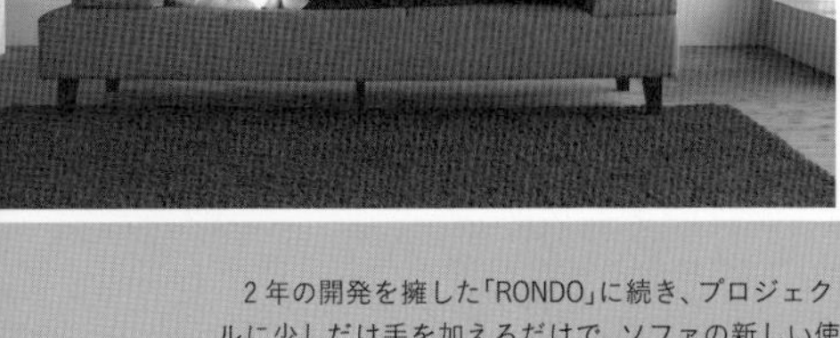

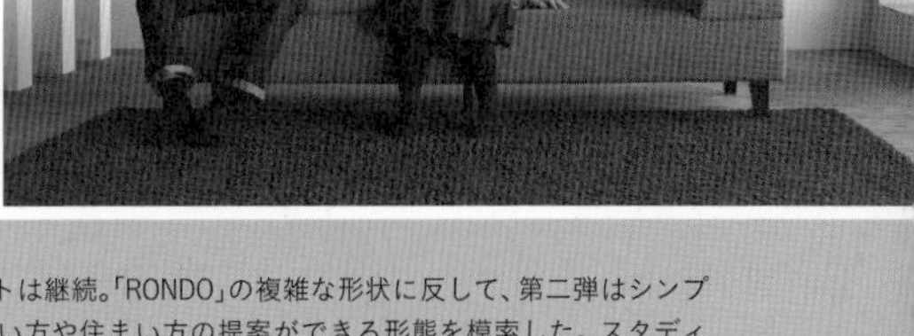

2年の開発を擁した「RONDO」に続き、プロジェクトは継続。「RONDO」の複雑な形状に反して、第二弾はシンプルに少しだけ手を加えるだけで、ソファの新しい使い方や住まい方の提案ができる形態を模索した。スタディのなか、背もたれの一部をなくすことで、ダイニングとリビングがつながり、両側面から使用できることを発見。これはソファの使い方のバリエーションを増やすだけでなく、子ども達が通り抜けるなど遊具性も加味される。「PIVO」と名付けて販売した結果、ヒット商品となった

ROBOBASE

Smart Direction 6 matching

ROBOBASE
QUEST
ロボベースクエスト　～光の章～
2011
5/29
13:00-16:00
(時間：3時間程度)
名古屋工業大学
[受付場所] 52号館1階5211室
参加費用　4,000円
参加条件　小学3年生以下のお子様→親子ペアにて参加
小学4年生以上のお子様→単独参加 OK!
定　　員　50名（先着順になります）
協　　力　株式会社ディナトス包装
イオン千種
名大病院
名古屋工業大学
鶴舞公園
53
北門
正門
「遊び」と「ロボット技術」を融合した教育型ワークショップ
ゲーム感覚で問題に答えながら、ロボットの部品を手に入れていく、ロールプレイング型のロボット工作ワークショップ。はんだ等の本格的な工具でロボットを工作し、最後には完成したロボットを使って対戦もあります。一連の作業を通じて、子ども達にロボットの技術を伝え、想像力と創造力を延ばすのが目的です。
ROBOBASE
[問合わせ・申込み]
TEL/FAX：052-263-1677 / Mail：info@robo-base.com / http://www.robo-base.com

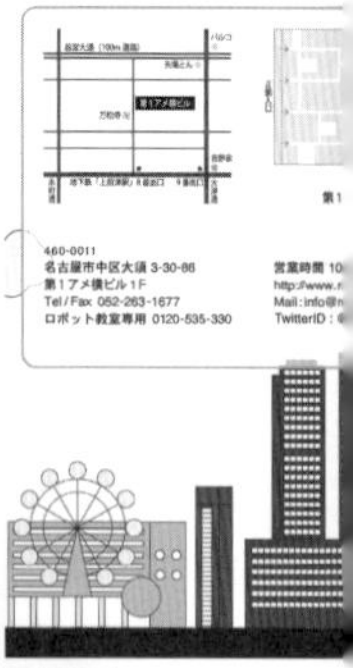

第1アメ横ビル
460-0011
名古屋市中区大須 3-30-86
第1アメ横ビル1F
Tel / Fax 052-263-1677
ロボット教室専用 0120-535-330

ROBOBASE
01
HOBBY ROBOT
COMMUNICATION ROBOT
CRAFT ROBOT

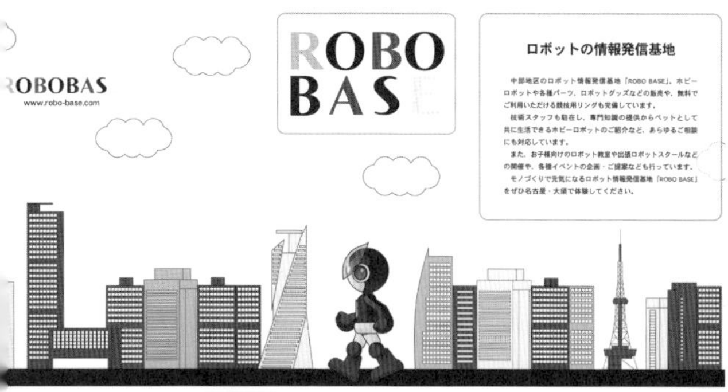

ROBO BAS
ROBOBAS
www.robo-base.com
ロボットの情報発信基地
中部地区のロボット情報発信基地「ROBO BASE」。ホビーロボットや各種パーツ、ロボットグッズなどの販売や、無料でご利用いただける競技用リングも完備しています。
技術スタッフも駐在し、専門知識の提供からペットとして共に生活できるホビーロボットのご紹介など、あらゆるご相談にも対応しています。
また、お子様向けのロボット教室や出張ロボットスクールなどの開催や、各種イベントの企画・ご提案なども行っています。
モノづくりで元気になるロボット情報発信基地「ROBO BASE」をぜひ名古屋・大須で体験してください。

ROBOBASE
03
ROBOBASE
04
ロボット開発
ロボット製作やロボット教材の開発
ロボット教室
ロボット工作教室と出張ロボット教室
ロボット教室
ロボット工作教室
プログラム教室
二足歩行ロボット教室
パフォーマンスショー
技術相談やイベント・講演会の企画・提

2010年5月、大学校舎を舞台に、子ども達が遊びながらロボット技術を学ぶ教育型ワークショップ「ロボクエスト」をおこなった。始めに集合した大教室では、寸劇によって子ども達の興味を誘い、各教室にはクイズと宝箱が用意され、一つひとつ部品を獲得しながら組み立てていくロールプレイングゲームのように演出を仕立てた。子ども達はいうまでもなく、同伴のお爺さんやお父さんが子どもと一緒に夢中になっていた。聞くと仕事で培った技術を孫に披露したとのこと。親子や祖父と孫のコミュニティの仕掛けにもなっていたのだ

7
scape

心象風景 から 風土 までを捉える
——スケープ

故郷を離れた街で同郷の人に会うと、なんだか嬉しくなってしまう。それは同じ風景に共感したり、祭りやその場所の体験を共有できるからだろう。街それぞれには、その気候、習慣、伝統など個性がある。その街がもつ個性を、哲学者・和辻哲郎は「風土」と捉えた。和辻は、風土をモンスーン、砂漠、牧場に分け、それぞれの風土と文化、思想の関連を追究し、風土を土地の気候、気象、地質、地味、地形、景観などの総称と定議した。「風土」は単なる自然現象ではなく、その中で人間が自己を見出す対象であり、文芸、美術、宗教、風習などあらゆる人間生活の表現が見出される人間の「自己了解」の方法と説いた。自己と環境とのつながりこそ風土という考え方は、米国の地理学者・イーフー・トゥアン[注1]が提示した「トポフィリア(場所への愛)」という概念にも見ることができる。トゥアンは、「人と、場所(トポス)または環境との間の情緒的な結びつき」、「人々がもつ場所への愛着」といった意味合いをトポフィリアに持たせ、人間の環境に対応する仕方、愛郷心などについて述べた。デザイナーとしては、愛着がもてる場所、それは情緒的であり、多様な人間の知覚や態度、世界観に対する物理的環境の効果までをデザインできないものか考えてしまう。こういった自己の懐かしさを共感することで、コミュニティを形成する仕掛けがつくれないものか。

ひとつの解として、フランスの批評家・ロラン・バルトは、都市のデザインを記号学で論じている。記号学とは、言語を始めとして、何らかの事象を別の事象で代替して表現する手段について研究する学問である。豊かな都市ならば、記号的に多様な読解可能性が開かれる。都市の豊かさの尺度設定という難問に対して、その「価値」や「質」のモデルを見出していくためには、都市というテクストを諸単位に切り分ける手順がヒントになる。諸単位に区分することで、都市のデザインに取り組んだのが、建築家であり都市計画家・クリストファー・アレグザンダー[注2]が提唱した「パタン・ランゲージ」だ。まさに、単語が集まって文章となり、詩が生まれるように、パターンが集まってランゲージとなり、この「パタン・ランゲージ」を用いて生き生きとした建物やコミュニティを形成することができるという理論である。人間が「心地よい」と感じる環境（都市や建築）を分析して、253のパターンを挙げ、パターンの関連の中で環境を形づくった。理想とするコミュニティの全体を一度に設計・建設することは不可能である。しかしパターンに従って一つひとつの行為の積み重ねが確実にコミュニティを形成してゆく理論には、ヒューマンスケールな要素が重視されている。

都市や街といった広大なスケールを記号学的に細分化し、人間スケールでパターン化する手法には、残念ながら情緒的な感性まで表現しきれない現状が露呈している。この方程式の解がなく数値化できない、人間が心に描く情緒的な心象風景までを含んだ風土をスケープ（scape）と捉え、人々が故郷や幼なじみを懐かしみ、人々が共有できるコミュニティを育むことができるデザインに挑戦している。

注1：「topos（場所）」と「philia（愛）」による造語である。ガストン・バシュラールが提示した「トポフィリ（場所への愛）」に、環境との間の情緒的な結びつき（愛着）を付加した概念である。『トポフィリア――人間と環境』（せりか書房、1992年）などがある。

注2：都市計画と建築と建設についての有機的な環境づくりのプロセス理論であり、253パタンと800余の挿図が示された。著書に『形の合成に関するノート』（鹿島出版会、1978年）、『パタン・ランゲージ』（鹿島出版会、1984年）などがある。

Our Home City

街の未来像を描くインスタレーション

名古屋城からつづく東区白壁（しらかべ）、主税（ちから）、橦木（しゅもく）町界隈（以下、東区界隈）は、繁華街とも隣接し近代都市化の潮流と歴史的文脈が重なる地区である。そのため、この地区では住民が中心となった「街づくり」が活発におこなわれている。東区界隈は、旧川上貞奴邸・二葉館もあり、名古屋の観光スポットとしても重要な地区として定着している。例えば、古民家の保存、修復、運営についての取り組みや、歴史的な研究発掘、伝承も続けられ住民と行政が一体となり街づくりを継続。しかし一方では、マンションなどの開発業者が、景観に配慮することなく高層建築物を計画。また、保存改修できない古民家は壊され、空き地や青空駐車場が増加する問題も発生している。こういった特徴のある東区界隈の住民が、この地域を再認識することから、創造的な行為へと転換していく手段となるようインスタレーションを展開した。このインスタレーションは、地域を再認識するための床に敷いた東区界隈の地図と、参加者に手渡される「マッピングボックス」と名付けた箱によって構成。さらに併せて実施したプログラムの2部構成となっている。

床の地図は、縮尺1/250で10m×17mの大きさ。地図は5段階に色分けし、参加者に街並みを構成する看板や素材など、地域特有の色彩を想像しやすくするために、無彩色を選択。地図を色分類することで「閑所（かんしょ）」のような現在都市では活用されていない歴史的な場所が認識できる。また、住民や行政が、今後手を加えていく可能性がある場所が明確になった。

参加者に手渡す「マッピングボックス」は、マッチや消しゴム、煙草の箱など日用品の表面に東区界隈の風景写真を貼り付けた箱である。風景写真は、事前に住民から「麗しい」と思うこの地域の写真を提供してもらった。参加者は、床に敷かれた地図を視て、歩き、触り、座りながら認識し、手渡された「マッピングボックス」をおいていく。

このインスタレーションは、参加者が地図の上を歩き、座り、想像し、記憶を振り返り、地域を体感しながら、「マッピングボックス」を地図の上に置いたり、積んだりする創造的行為を生み出すのである。インスタレーションには、参加者の記憶と地域の断片を重ね合わせ、参加者が自発的に未来の地域像〈スケープ〉を描いていく、街づくり手法の効果があるのだ。

SAKAE
MINAMI

繁華街の魅力を引き出す街路デザイン

名古屋市の栄ミナミ地区は、多くの商業施設やブランドショップ、飲食店が立ち並び、ショッピング、グルメ、カルチャーを発信する名古屋で最も活気ある繁華街である。2012年春からは、27年ぶりに歩行者天国が本格実施された。単に地区の基幹となる大津通りを歩行者天国にするだけなく、大通りを演出するための「移動販売車」や「まちかどライブ」「クリエイターズマーケット」が催されているので、歩くだけでも十分楽しめる。

また、音楽祭や盆踊り、B級グルメイベントなど四季折々のイベントが実践されている。「栄ミナミ音楽祭」では、地区の中央に位置する矢場公園を中心に、街角の公開空地や街頭にもステージを設置するなど、41会場と250組のミュージシャンが切磋琢磨し、道行く人達を観客へと変えている。まさに街全体が音楽で演出される瞬間。さらに特筆すべきは、行政主導や企業プロモーションではなく、地権者と商店街組合から構成される「栄ミナミ地域活性化協議会（以下、協議会）」が自主的におこなっている点である。協議会が主体となって、イベントを運営することから地区内のネットワークを再編し、各店舗の集客にもつながり、地域の活性と文化の創造の両面を実現している。

この栄ミナミ地区を縦断する南伊勢町通り、プリンセス大通り、住吉通りの街路空間のマスタープランを協議会と連携しておこなっている。計画にあたり、地区内の課題を整理すべく、駐輪自転車の把握、荷下ろし自動車の使用時間帯、歩行者の歩行経路など各種調査を実施。協議会の想いを受け、カタチにしながらディスカッションを繰り返し、提案をまとめている。名古屋市の都心部は、江戸時代から続く碁盤目状。しかし、この地区は、南北の通りが「く」の字型に屈折した特徴をもつ。この特徴をデザインモチーフに用いて、ロゴマークから駐輪ラック、ベンチやゴミ箱、街路灯から街路のタイル模様まで統一したデザインとした。

道路の埋設物や道路に関する法律と条例、交通規則など法規制の緩和は行政機関の支援なくして実現は考えられない。産官学が連携することで、地権者の想いや住民が懐かしむ心象風景を投影した計画を描き、社会実験や実証実験などできることから段階的に始めていくことが、都市や地域に根付いた風景〈スケープ〉を形成するのである。

Our Home City

参加者が地図を通して街を体感し、未来の地域像を描くインスタレーション

Our Home City

入口では、お菓子やマッチ、薬などの日用品に、建物や風景写真を貼ったマッピングボックスを配布した

床の地図は、住宅や社屋など建築物[黒]、塀や垣根で囲まれた私有地[濃灰色]、駐車場、空地などの遮蔽物のない私有地[薄灰色]、学校の校庭、公園など公有地[淡灰色]、道路や線路など交通網[白]の5段階に色分けした

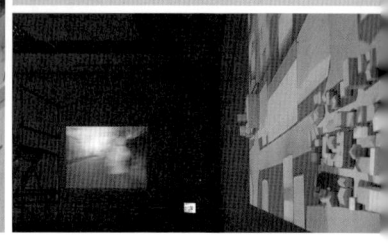

Smart Direction

7 scape

インスタレーションと併せて4つのプログラムをおこなった。参加者の新しい発想を生み出す「発想系ミーティング」、参加者の感性を刺激する「身体系パフォーマンス」、街の歴史や現状の把握する「調査系デモンストレーション」、街の隠れた魅力を顕在化させる「採集系ワークショップ」である

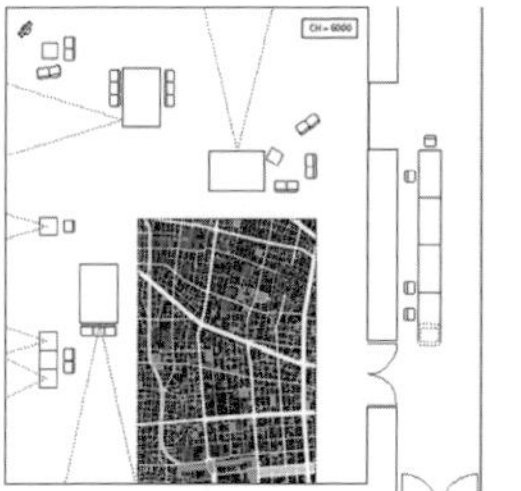

PLAN
壁面の映像と床面の地図によって、参加者を街体験へと誘う

SAKAE MINAMI

マスタープランのデザイン指針を反映して実現した街路灯

デザインのモチーフ

特徴 1	◇ 4本の通りがある 栄ミナミエリアは大津通り、南伊勢町通り、プリンセス大通り、住吉通りの4本の通りから構成されており、各通りにそれぞれの特徴がある。
特徴 2	◇ 各通りが屈折している 栄ミナミエリアの各通りは全て中間で屈折しており、碁盤目状で構成される名古屋の街路とは異なり栄ミナミならではの特徴といえる。
特徴 3	◇ 各通りで幅員が異なる 栄ミナミエリアの各通りは全て幅員が異なり、交通環境や人々の行為がどの通りもとても豊かであることが特徴といえる。

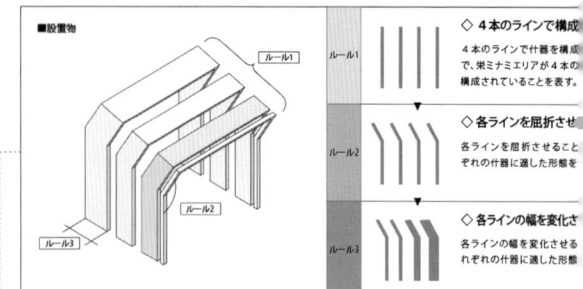

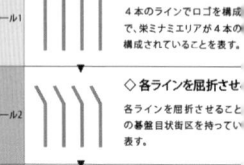

デザインのルール

■設置物

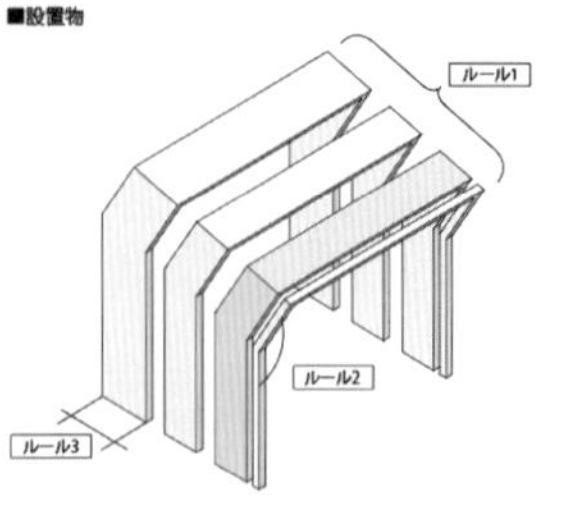

ルール1		◇ 4本のラインで構成 4本のラインで什器を構成 で、栄ミナミエリアが4本の 構成されていることを表す。
ルール2		◇ 各ラインを屈折させ 各ラインを屈折させること ぞれの什器に適した形態を
ルール3		◇ 各ラインの幅を変化さ 各ラインの幅を変化させる れぞれの什器に適した形態

■販促物

ルール1		◇ 4本のラインで構成 4本のラインでロゴを構成 で、栄ミナミエリアが4本の 構成されていることを表す。
ルール2		◇ 各ラインを屈折させ 各ラインを屈折させること の碁盤目状街区を持ってい 表す。
ルール3		◇ 各ラインの幅を変化さ 各ラインの幅を変化させる ゴに遠近感や方向性をつ を出す。

全体のデザインは地区全体で統一するものの、各通りの異なる歴史背景や建物の特徴は活かす。例えば、昔から商社が多い南伊勢町通りは、「洗練されたオフィス街」をテーマに白を基調色にして、サラリーマンの憩いやランチの場に。居酒屋など飲み屋街である住吉通りは、「季節で表情を変える大人の街」をテーマに、ダークブラウンとダークグリーンを基調色にして、呑んだ後の休憩や交流できる場に。南伊勢町通りは桜並木、住吉通りは桃と紅葉、プリンセス大通りはケヤキ並木とすることで季節感を体感できる

	住吉通り		プリンセス大通り		南伊勢町通り	
[コンセプト]	季節で表情を変える大人の街道		流行の発信地として 若者でにぎわうセンター街		経済の中心として会社員の 行き交う洗練されたオフィス街	
[イメージ画像]						
ターゲット		仕事帰りの会社員		買い物でにぎわう若者		オフィスビルで働く会社員
イメージカラー		黒・濃茶・濃緑の落ち着いた色使い		赤・橙・黄等の明るい色を使い		白を基調とした爽やかな色使い
設置ブース		飲食ブース/ベンチを中心に設置		物販/喫煙ブースを中心に設置		飲食 / 喫煙ブースを中心に設置
街路樹		桃・もみじを設置		ケヤキを設置		桜を設置

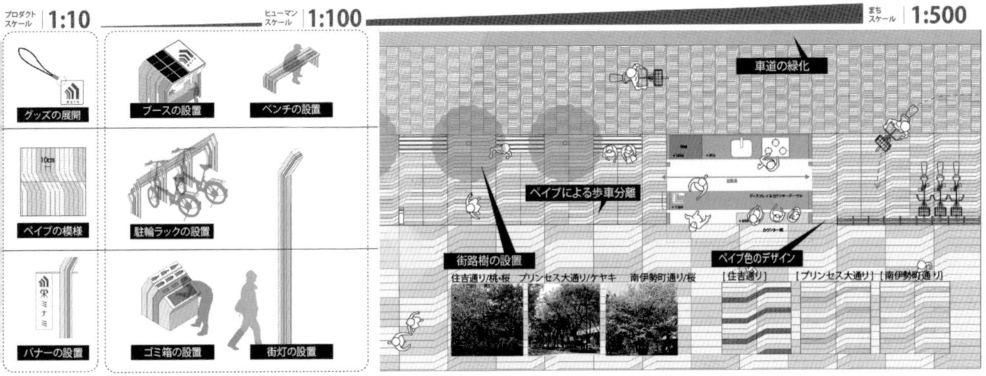

賑わい創出のために、物販ショップやライブやパフォーマンスなどステージにもなる「チャレンジブース」を設置。バナーやサインなど広告収入も視野に入れ、俯瞰的に全体像を見る視点と、ヒューマンスケールで街路を歩く視点、そして持続可能な維持管理ができる事業スキームまでを描く

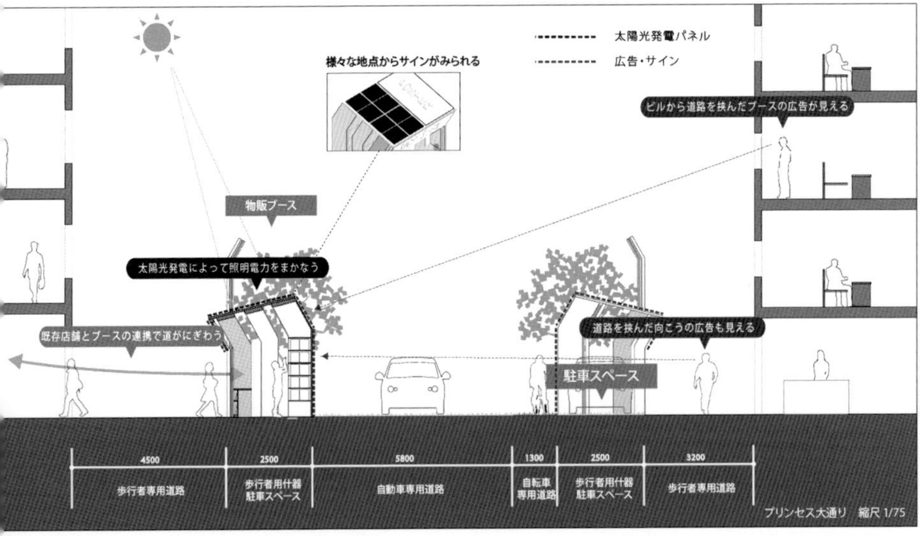

道路法施行令と都市再生特別措置法の一部改正によって、道路は自動車、自転車、歩行者の交通を裁く道から、市民が集い、交流し、賑わいを創出する空間へと変わろうとしている。従来までの道路配分を再検討し、歩行者が楽しく街を散策し、回遊できるスペースの確保と自転車と自動車の共存に工夫を凝らす。国内の法律は、都市計画法や建築基準法より、道路法が上位にある。だからこそ道路法を解釈して計画することが、街づくりを考える上で重要なポイントとなる

8
fake

遊び心を くすぐる

――――フェイク

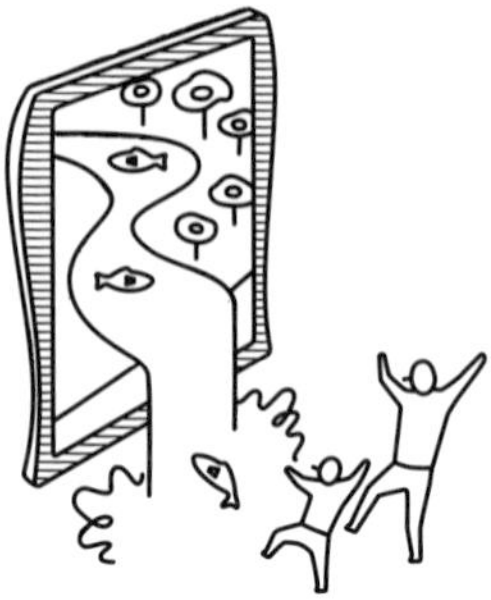

トリックアートの展覧会は、子どもから大人まで万人にとても人気がある。子どもを連れて行ってみると、長蛇の列が高層階から地上まで続いていて驚いた。トリックアートとは、実物の窓や扉があるように描かれた壁画や、実際にはありえない立体を描いた絵画など、視覚的な錯覚を利用した作品を指す。いうなれば、騙し絵、騙し空間である。人を騙すのは良いことではないが、小さなユーモアがあり、驚きや発見を親子や友人とで共有できることは幸せなことだ。人を惑わせたり、欺くこと(Deceive)は悪意だが、ほっと笑みがこぼれるような錯覚や錯視(Fake)はコミュニケーションの良好な手段となる。この老若男女の遊び心をくすぐる〈フェイク(Fake)〉はデザインする上で重要である。

ユーモアある騙し絵といえば、マウリッツ・コルネリス・エッシャー(1898～1972)が挙げられる。エッシャーは、ウッドカット、リトグラフ、メゾティントなどの版画製作でよく知られたオランダの画家だ。建築不可能な構造物や、無限を有限のなかに閉じ込めたり、平面を次々と変化するパターンで埋め尽くすなど独創的な作品をつくり上げた。感性だけでなく、数学や結晶学的な知識から、平面の正則分割や反射する鏡面、遠近法、多面体などを多用。平面に立体や空間を想起させただけでなく、2次元の世界に摩訶不思議の理由を考えさせる参加型のプロセスを包含している。

騙し絵がもつ既成概念を逆手に取って新しい価値観を提示する手法を、アートで実践したのがマルセル・デュシャン[注1]（1887 ～ 1968）である。デュシャンは、「レディ・メイド」と称した既成のモノをそのまま、あるいは若干手を加えただけで芸術とした作品を数多く発表した。1917 年、特に物議をかもしたのが、工業製品の男子用小便器に「リチャード・マット」と署名をし、『泉』というタイトルを付けた作品（1917 年）である。便器そのものを、アート作品として美術館に持ち込み、展示を拒否されたとの逸話があるくらいだ。逆に、見方を変えると便器もアート作品となり、当たり前の価値観をシフトし、新しい発見と驚きを生じさせる。

こういった既成概念を打ち壊し、ユーモアから新しい価値を見出したデザイナーに、イタリアのエットーレ・ソットサス[注2]（1917～2007）がいる。ソットサスのデザインは、派手で独創性に優れ、作品は蛍光色などの鮮やかな色彩、滑らかな表面、うねるような形状などが特徴である。ポップアート作品のような大胆な作風は、「カワイくてキュート」で、使う人の感性を刺激する。

意外性ある形状やスケールのズレ、何かに模した形態などのお茶目な仕掛けは、観る人、使う人を引き込み、感性を共有する悦びを生み、コミュニティを生じさせるのである。人を幸せにするユーモアある仕掛け〈フェイク〉こそ、現代のデザインに必要な要素なのだ。

注 1：従来の芸術の成り立ちや仕組みを変えた現代美術の先駆者。作品『自転車の車輪』（1913 年）では、自分のアトリエにおいていたもので「作品」にするつもりはなかったという。彼のこうした姿勢の根底には、芸術そのものへの懐疑があると推察されている。

注 2：晩年（1980 年）に若手の建築家やデザイナーを集めて「メンフィス」を結成し、奇抜なデザインを展開した。グループ名は、結成の夜にかかっていたボブ・ディランの曲が由来。『エットーレ・ソットサス』（鹿島出版会、1994 年）などがある。

OSORO

オソロでつながる眼鏡スタイル

眼鏡といえば、福井県鯖江市が日本のメッカである。ブランド数は40社を超え、製造では国内シェアの9割以上を占める。そのなかで、名古屋を拠点に眼鏡ブランドを展開する「モンキーフリップ(Monkey Flip)」は希少種だ。生みの親、岸 正龍氏は多彩な人物。社長業の傍ら、俳優業から舞台の脚本まで手掛ける。そして、自らのブランドのデザイン業もこなす。大学時代は、有名大学の経済学部と、美術大学を同時に就学し、経営者とデザイナーの目を養った。1996年、33歳のとき名古屋市大須商店街にあった実家の宝石店を眼鏡店へ変貌させる。

設立当時は、20歳代の女子をターゲットにした商品をラインナップしていた。しかし、中国などアジアでの生産が急増し、価格競争の時代に突入すると、他ブランドとの差別化を明確にすべきだと判断。2003年からは男性用のみを扱い、ロックでパンクなストリートカルチャーを牽引するブランドを確立する。大手メーカーが強みとする価格競争ではなく、拘りのテイストで勝負できる戦場を求め続けた結果、辿り着いたスタイルだ。

岸氏との取り組みについて話を移そう。眼鏡の拘りを追求していくと、製造まで携わりたくなる。特に3.11の大震災後は、ニーズは本物志向となり、細部までデザインと品質のコントロールができる技術力が地元に必要だと実感。ものづくりの技術ある愛知県なら眼鏡工場をつくることも可能ではないか！　そこで、世界初となる射出成形が可能な工場、その工場で生み出される新たなブランドの構築を一緒に取り組むことに。利益率だけを考えると自社工場は不利。しかし、地元から発信すること、工場生産できる技術力を誇りにできること、地元愛をもって一大決心。

震災以後の意識調査では、「つながり」を強固にしたいという想いが強くなっている。「親と子、兄弟、夫婦、恋人……」大切な人とのつながりを実感できる仕掛けを眼鏡で表現したい。「ペアルック」ではなく、小物を揃えたり、色のトーンや素材を合わせたり、さりげないお揃い感で、物理的なつながりだけでなく、「こころのつながり」を体現できる眼鏡を目指した。そこで、「大切な人と、ずっと一緒にいるような気持ちになる眼鏡」をコンセプトにした「オソロ(OSORO)」シリーズを提案。シリーズの商品名には、「リンラン(LingLan)」とパンダの「リンリン」「ランラン」をもじるなど、モンキーフリップらしいユーモア〈フェイク〉も施している。

P.A.R.K

公園のようなカフェのようなお店

2005年に名古屋市栄にオープンした帽子販売とカフェが融合した店舗「P.A.R.K(ペアルカ)」にはユーモアある仕掛けを施した。店舗の計画は、ニューヨークやロンドン、東京で流行っているから、地方都市でもやってみるという発想は、一過性になりやすく長くは続かない。地域によって風習や文化性が異なることから、店舗の立地環境との調和やその意味を見出すことが長く愛される店舗を計画するための必須条件となる。

店舗の立地は、名古屋テレビ塔がある久屋大通公園に近い繁華街のため、ターゲットは働くOLや買い物に立ち寄る女学生。近くに久屋大通公園はあるものの規模が大きすぎて日常使いに不向きであり、お弁当を食べたり、くつろげる適度な公園は皆無。そのため「公園のようなお店があったらいいな」といった女性の声をよく聞く。そこで「公園」をコンセプトに、帽子販売とカフェという異なる業態を結合することに。

帽子の販売は、展示台をおき商品を陳列するのが一般的。店舗内を物販と飲食を区分して計画すると、同じ空間内に共存する強みが引き出せない。夏は陽射しが強いため、冬は防寒のため、はたまたファッションとしてなど目的は異なるものの公園での帽子は必需品。そこで店舗を「公園」と見立てることで、日常の帽子を被る習慣を店舗に介入しようと試みた。さらに、陳列棚をおかず、木の幹に見立てた什器をデザインし、幹から出た枝に多種多彩な帽子を掛けた。あたかも公園の樹木に花が咲いたような演出〈フェイク〉となる。

店舗の床全面には芝生のグラフィック(写真)を貼り、窓に設えた格子の影を描いた。芝生に落ちた影によって、お店に入った瞬間、窓から燦々と太陽光が射し込んでいると錯覚〈フェイク〉する。また、芝生の上に座ってランチをする感覚を抱いてもらおうと透明な椅子を使用。お客の心理作用を帽子購買へと向かわせるため、店員全員が個性ある帽子を被り、客席に座ると壁面の鏡には、お客の顔だけが映る仕掛けに。店員や他のお客が帽子を被っている姿を見ると、自分も帽子を被ってみたくなり、無意識に帽子へと意識が向けられる。

さらに店名にも、ちょっとした仕掛けを施した。「PARK」は英語読みでは「パーク」であるが、ドイツ語では「ペアエルカ」、イタリア語では「ペアエルカッパ」。では名古屋弁では何と読むのか？　もちろん答えなどない。勝手ながらユーモアとして、名古屋弁では「ペアルカ」と発音しようとでっち上げた。

OSORO

OSORO
TAKANORI ITO

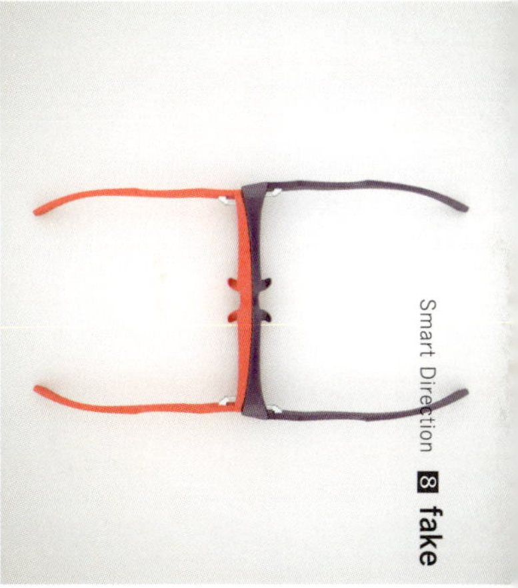
Smart Direction 8 fake

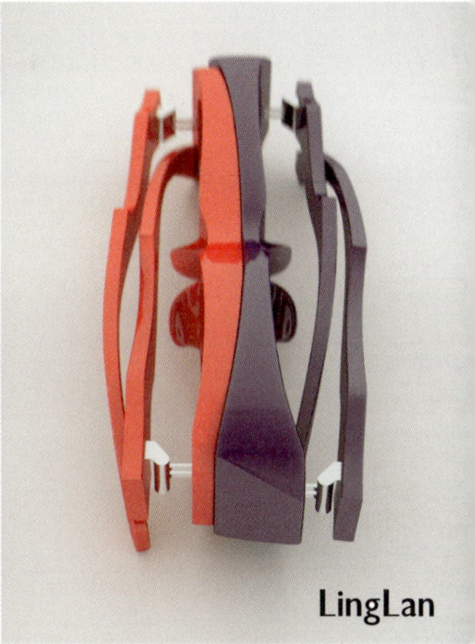
LingLan

OSORO

何となく可愛らしく、キッチュな眼鏡形状になっている。それは、眼鏡を物理的に重ねることで、好きな人と気持ちも重なる、心と心をつなげる演出をしているのである

BACK GROUND

人とのつながりの大切さを再認識

震災以後の意識調査では、“つながり” を強固にしたいという想いが強くなっていることが分かった。“親と子、兄弟、恋人・・・” など、大切な人とのつながりを実感できる仕掛けへの需要が高まっている。

進化した “さりげないペアルック” が急増中

昔のいわゆる「ペアルック」ではなく、小物を揃えたり、色のトーンを合わせたり、素材を合わせたりといった、さりげないおそろい感で、物理的なつながりではなく、「こころのつながり」を重視しているカップルが多く、ペアルックに対するニーズが増加している。

DESIGN POINT

好きな人と気持ちを繋げる「OSORO（オソロ）」。“親子 , 夫婦 , 恋人 , 兄弟・・・” などのペアが、ふたりで楽しむことができるメガネシリーズ。ペアルックのように特別な日に身につけるものとして、贈り物にも最適なメガ

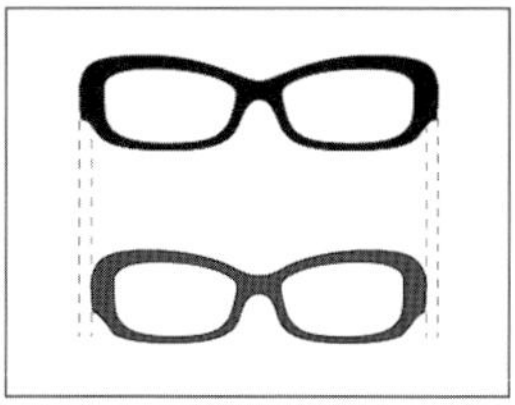

一緒に楽しむ

顔のサイズが異なる男性と女性（子ども）でも、フレームの大きさに強弱をつけることで、同じデザインのフレームを一緒に身につけられる工夫を施している。

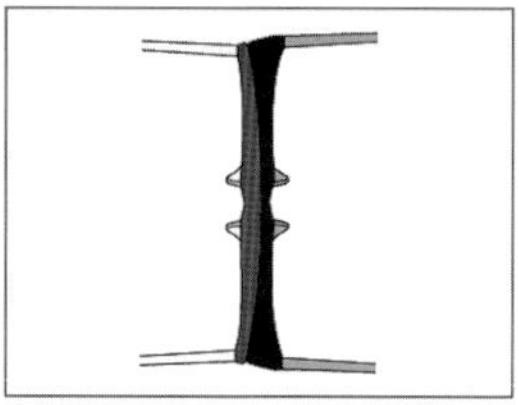

つながる喜び

それぞれのフレームに凸カーブと凹カーブを施した、2つのメガネが隙間なく重なり合うデザイン。メガネを物理的に重ねることで、好きな人と気持ちも重なる、心と心をつなげる演出を施している。

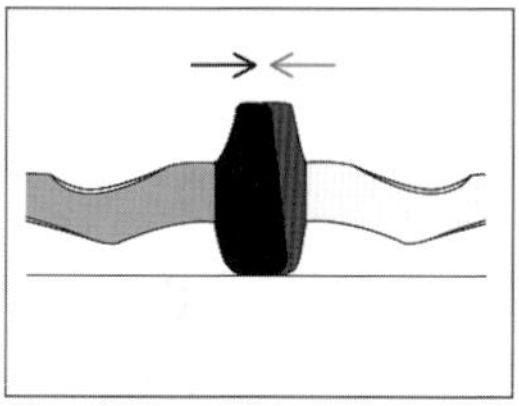

飾れる嬉しさ

2つのペアをぴったりと添わせて置くことができる。身に付けていない時でも、身近に置いたり、記念に飾っておけるデザインとなっている。

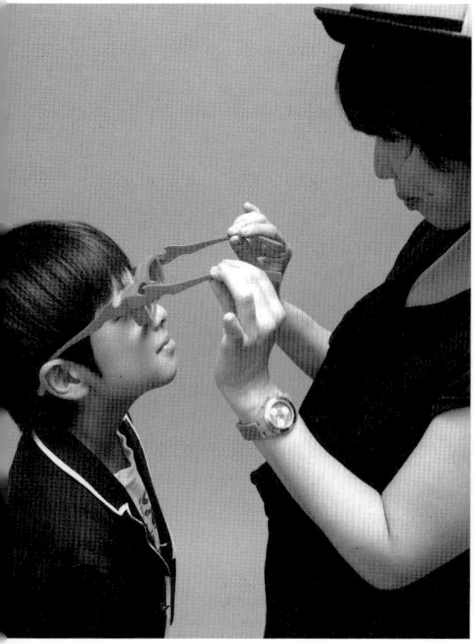

凹凸を活かして、顔のサイズが異なる男性と女性(子ども)でも、フレームの大きさに強弱を着けることができ、同じデザインのフレームを一緒に身につけられる。それぞれのフレームに凸カーブと凹カーブを施すことによって、2つのメガネが隙間なく重なり合う

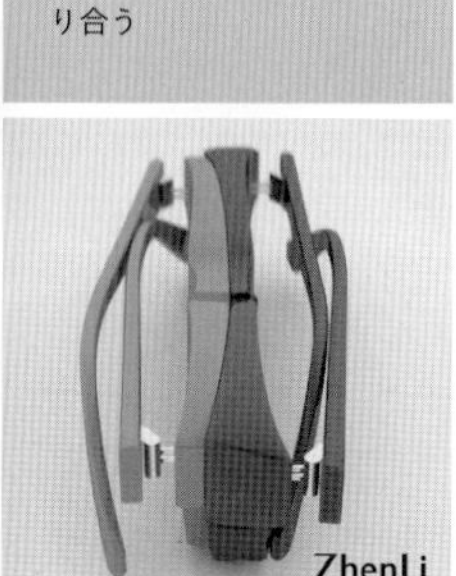

意匠的な最大の特徴は、正面部を凹凸形状にすることでペアになるところ。身に着けていないときでも、身近においたり、記念に飾っておけるデザイン

P.A.R.K

P.A.R.K

床に施された格子の影によって、一日中、太陽光が燦々と入っているかのような錯覚を生む

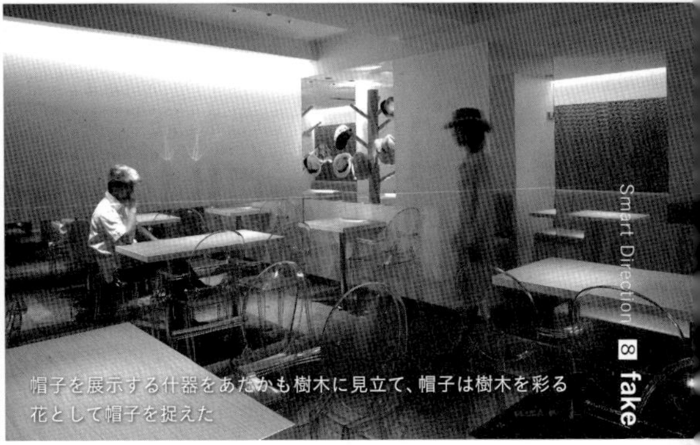

帽子を展示する什器をあたかも樹木に見立て、帽子は樹木を彩る花として帽子を捉えた

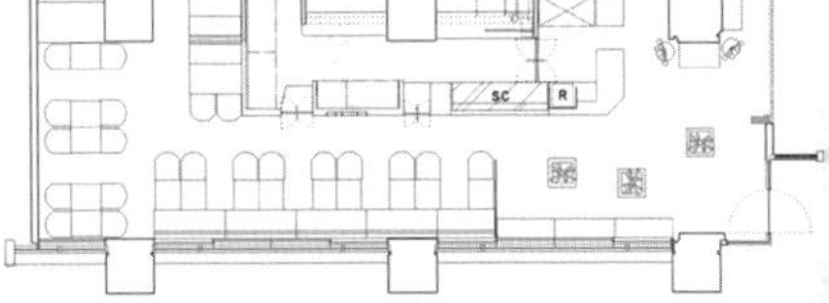

PLAN
物販と飲食を「公園」のテーマで融合

□LOGO・NAMING

P《ペ》.A《ア》.R《ル》.K《カ》

	P	A	R	K
英　語	ピー	エイ	アール	ケイ
フランス語	ペ	ア	エル	カ
ドイツ語	ペー	アー	エル	カー
イタリア語	ペ	ア	エレ	カッパ
名古屋弁	ペ	ア	ル	カ

□BASIC・PATTERN

□GRAFIC· DEVELOPMENT

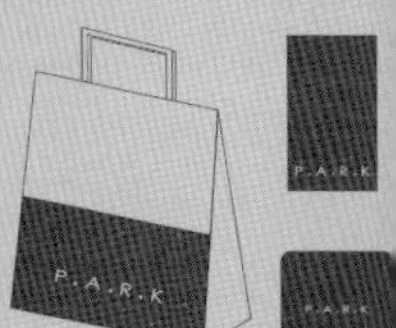

「PARK(パーク)」にユーモアを施し、「P・A・R・K(ペアルカ)」という独自の読み方をつくった

9 style 個性を重んじ、世代をつなぐ——スタイル

戦後の工業化は、テクノロジーを軸とした自動化社会を目指し、1990年代以降は情報技術の発展に伴い最適化社会へと変革してきた。その過程では、個人の消費活動が中心であり、趣味趣向の平準化と均質化が背中合わせであった。昨今、「エシカル（Ethical）」や「ロハス（LOHAS）」など、個人の道徳観・倫理観を尊重しながら、環境や社会に配慮したライフスタイルが確立しつつある。それは、個々が自律した価値観と生活観をもった〈スタイル（Style）〉を形成した自律化社会へと移行しているからである。

日本三大随筆のひとつである鴨 長明の『方丈記』（1212年）には、方丈（一丈四方）の庵に代表されるように、人間生活の諸相が描かれている。例えば、街路にラーメン屋やおでん屋が営まれていたら、人が集い、街の賑わいを生むポジティブな空間となる。そのため利用者の営み（行為）と設置する空間、設置される環境の関係は、利用者のスタイルを描く重要な要素となる。

民俗学の開拓者である柳田国男（1875 ～ 1962）は、「平民」や「庶民」「民衆」と区分して「常民」という言葉を使った。「常民」は、水田稲作を基盤とする定住農耕民を想定して柳田が創唱。定住の生活様式をもち、集団的に伝承される文化がある民衆だと考えられる。この「常民」に反して「流民」と定義し、現代の都市生活を説いたのが都市計画家の上田 篤（1930

〜）である。上田は、都市の意味が時代によって変化する様を「流民の都市」と現し、都市生活者を古典的理念や絶対的な価値をもたない流民と位置づけた。都市のなかで主体的に生きるとは、家づくりや街づくりを専門家に任せるのではなく、好きな洋服を着るように自分の身の回りの環境を着るという感覚をもち、家のなかのインテリア空間を屋外（街）へと滲み出すことが必要だという。

他方、移住する人間ではなく流動的に移動する建築を研究しているのが、イギリスのロバート・クロネンバーグ[注1]（1954〜）である。モービルホームや博覧会パビリオン、サーカスなど、土地定着の呪縛から解放された仮設建築に着目し、モンゴルのユート（ゲル）など伝統的な空間から、宇宙ステーションに至るまでを分類。単に移動可能な仮設空間の変遷だけでなく、設置される既存環境との関係から生じる人間生活の歴史が読み取れる。この極限が、ファッションデザイナーの津村耕助[注2]（1959〜）が提示する「究極の家は服」ではないか。自身のブランド名である「ファイナルホーム（FINAL HOME）」が象徴するように、具現化した都市型サバイバルウエアこそ究極の家。1枚の服を身に纏い、実際に東京やパリでの路上生活を実践。これは服そのもののデザインだけでなく、服の捉え方と生活の価値観といった〈スタイル〉をデザインしている。

流行や潮流に左右されるのではなく、自らのスタイルに合うように、衣服から身の回りの雑貨屋や家具、インテリアから住宅までを愛着をもって選ぶ。企業も同様に自らの〈スタイル〉にあった独自の立脚点を定め、価値観を提示する必要がある。そして、個人でも企業でも、「らしさ」を追求した結果、住む街、ビジネスで戦う街を、自らの意志で選択する時代ではないか。

注1：クロネンバーグは建築的空間が「動く」に着目し、土地定着の呪縛から解放された建築の可能性を示している。『動く家――ポータブル・ビルディングの歴史』（鹿島出版会、2000年）

注2：三宅一生の下で学び、現在は武蔵野美術大学空間演出デザイン学科教授。ファッションの普遍的な美や機能の再発見、応用に取り組む姿勢は他分野にも影響を与える。著書に『1985-1992 津村耕佑スケッチ』（天然文庫、2011年）などがある。

scarlet

椅子から考える高齢者の居住環境

日本の高齢者人口の推移は、1995年に14.5%となり高齢社会に、2007年には21.5%となって超高齢社会に突入し、増加しつづけている。2013年には4人に1人、2035年には3人に1人が高齢者となる想定である。他方、出生数は、減少を続け、2055年には46万人になり、年少人口が2011年の半分以下になると推計されている。このように超高齢社会の対策は急務である。

こうした超高齢社会に対応し、多世代を対象とするユニバーサルデザイン。いまやプロダクト商品や家具を扱う民間企業の41.4%は、専門部署をおくなどUD事業を本格化させている。また国や地方自治体においても施策や街づくりに取り入れている。それらの事例からは機能的な問題は解決されているが、何か足りないと思わずにはいられない。ユーモアやカッコイイ、カワイイなど感性を刺激する仕掛けが、高齢者の好奇心や快適性へとつながり、高齢者間のコミュニティを生み出すのに有効となるスタイルがあるはずだ。

高齢者の主なニーズをみると「居住環境」の重要性が挙げられ、特に住み慣れた住宅や街には「住み続けたい」と強い要望をもっている。その一方、身体機能が低下した際の住宅の住みやすさを国別にみると、問題があると答えた人は米国35.6%に対して、日本66.2%と過半数が不安を感じている。他方、高齢者の主な住宅内事故の内訳を見ると、階段7.4%、廊下6.3%、浴室1.4%であり、リビングやダイニングなど居室が73.1%と大部分を占める。浴室やトイレなど不安を改善しているのに対して、居室は手摺りなど装備や装置をいくつも付けるより、そのままの方が快適だと感じているのではないか。

現在、脳科学や身体運動、知能情報など工学的知見と、美学やアート性など芸術的知見を融合した研究によって、高齢社会における居住環境〈スタイル〉を開発中。「みずのかぐ(CONNECT)」と共同開発している家具もそのひとつ。椅子の座り方を、高齢者と若者を対象に、身体動作をモーションキャプチャ、脳機能を近赤外分光法(NIRS)脳計測装置によって調査実験。そのなかで、高齢者がモノを取る際と立ち、座る際の肘掛けの重要性や、椅子の微調整と少しの移動に伴う座面下の握りがポイントになることが分かった。幅や高さの検証も含め、高齢者特有の動作や行為〈スタイル〉など得られた知見をもとにデザインしたのがダイニングチャア「スカーレット(scarlet)」である。小さな心遣いが高齢者の暮らしを豊かにし、居住環境そのものを捉え直すきっかけとなることを目指している。

親子で楽しめるカフェであり住宅

lots Fiction

愛知県東郷町に「カドッコ(cad:co)」と名付けられた親子カフェをデザインした。施主は30代の夫婦と子どもひとり。結婚して子どもができるまでは、お洒落なレストランやカフェに行けたのに、子どもを連れて行くとお店が限られてしまう。また、お母さん同士が情報交換をしたり、交流できる場がないことも疑問に。その疑問を解決するため、未就学児の子どもと一緒に子連れの主婦が集うサロン併用の住宅をつくることに。

一度、他県に出た施主は、郷里に戻るべく土地を探していた。そして、東郷町の角地(カド)を購入。住宅街に隣接し、子どもの教育環境として良好で閑静な敷地。また東側と南側が道路に面し、幹線道路から1本入ったところに位置している。そのため外観のデザインは地域のサロンとなるよう視認性を高め、内観は子どもの視線など行為を誘発する仕掛けを施した。

一般的に店舗併用住宅というと、1階と2階か、1階の一部を店舗として区画する。ここでは、限られた敷地と予算を有効に活用するために、全てが住居であり、時として子連れの主婦が集うサロンとなる区分のない住宅を提案。さらに、子どもが楽しめたり、不思議に思ったり、驚いたり体感できる騙し絵的なフィクションのような仕掛けをたくさん散りばめている。

まず、空間の構成は、子どもの行為を誘発するチューブ状の装置(青空間)と、それによって分配された空間(白空間)との高低差によって形成。たくさんの段差をつけているのが特徴である。200mm以下の高低差は、大人にとっては階段の蹴上げであるが、子どもにとっては、椅子であり、ステージであり、遊び場など行為をアフォードする仕掛けとなる。また、間仕切りのない大空間が、高低差によって切り取られるため、連続するシークエンスを生み出す。

壁面・天井面は構造用合板で覆い、構造と内装仕上げを一体化し、構造用合板の節(ふし)の質感と量感から五感を誘発する。家具も同様にデザイン。机には、天板に大きさの異なる溝と穴を施し、食器やカトラリーと一緒にクレヨンなど絵描き道具を収納。食事を待つ子どもは、スケッチブックに絵を描き、食事が運ばれたら、ランチョンマットとして活用。家具を通して、子どもは創作と食事の作法を学ぶ。

未就学児の子どもを連れてお母さん達が気軽に立ち寄れ、寛ぎ、語らえる環境をデザインすることが、子どもの遊びや教育を充実させた新しい〈スタイル〉の提案につながるのである。

scarlet

Smart Direction 9 style

高齢者がモノを取る際と立ち座る際の肘掛けの重要性や、椅子の微調整と少しの移動に伴う座面下の握りがポイントになる調査結果をデザインに反映させた

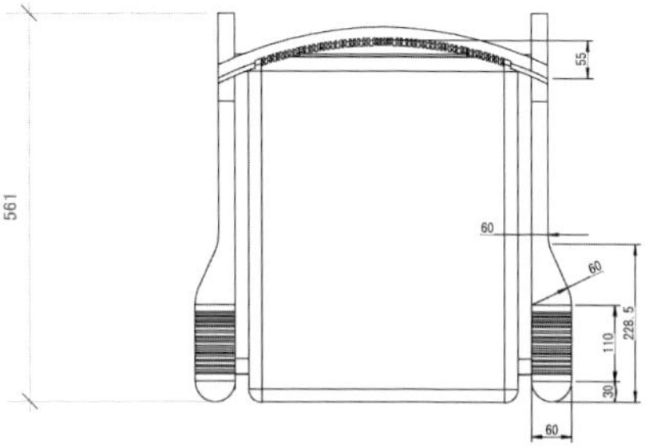

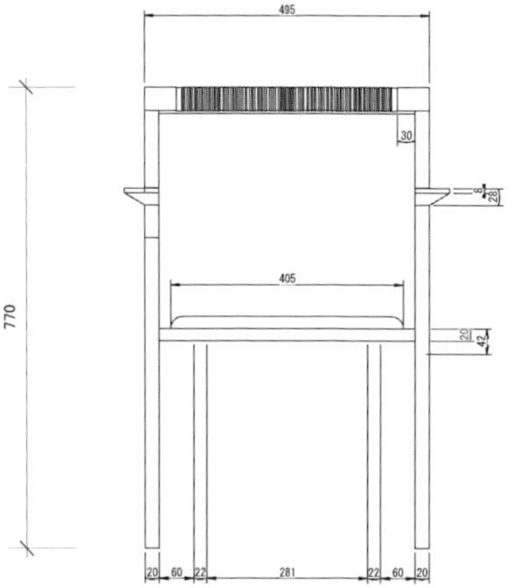

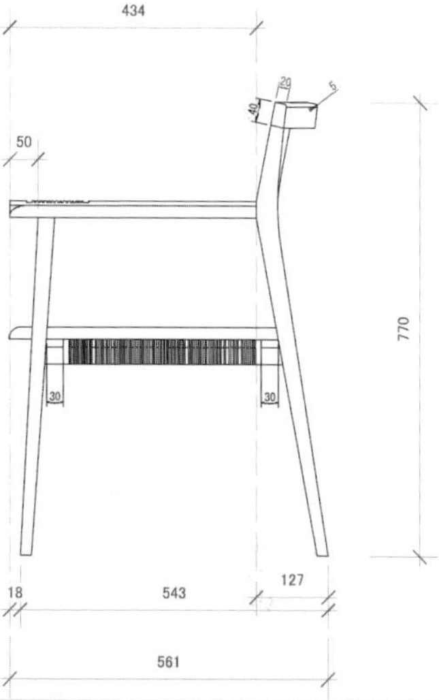

世代を超えて愛される女優から
「スカーレット(scarlet)」と名付けた

モーションキャプチャ

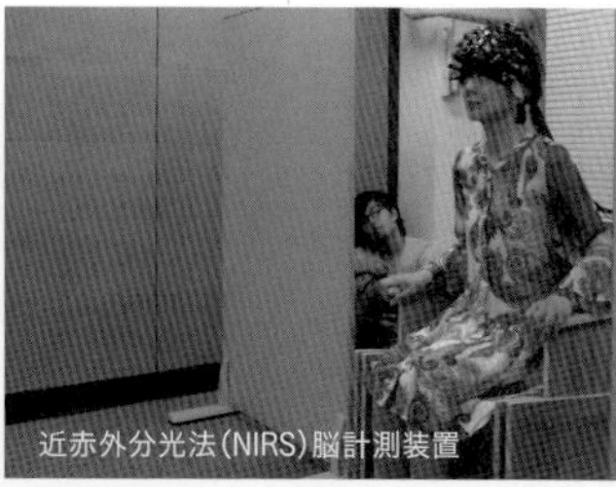
近赤外分光法(NIRS)脳計測装置

椅子の座り方と座った状態での行動を、身体動作をモーションキャプチャ、脳機能を近赤外分光法(NIRS)脳計測装置(島津製作所)によって調査実験した

lots Fiction

cad:co

店舗名は「カドッコ(cad:co)」であるが、住宅と融合するなど幾つかのFictionをつくることで「lots Fiction」と名付けた

lots Fiction

子どもの行為を誘発するチューブ状の装置(青空間)と、それによって分配された空間(白空間)との高低差によって形成。たくさんの段差をつけているのが特徴である

机の天板に大きさの異なる溝と穴を施し、食器やカトラリーと一緒にクレヨンなど絵描き道具を収納。食事を待つ子どもは、スケッチブックに絵を描き、食事が運ばれたら、ランチョンマットとして活用する

白い凡庸な空間に青い空間が連続的に挿入されることで、何階建てか、何造なのか分かりにくくし、子どもの興味を促す

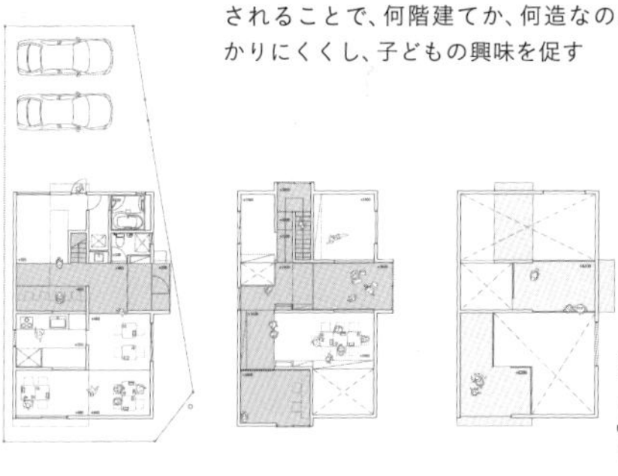

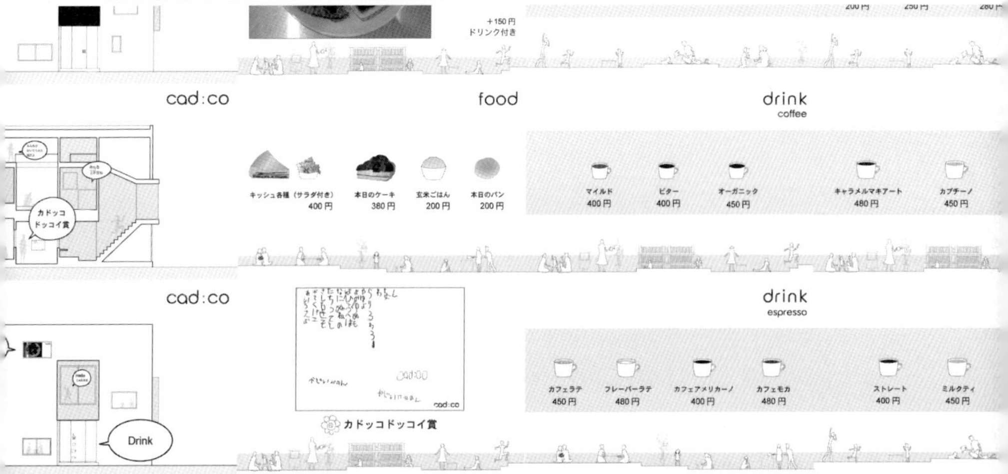

子ども達が描いた絵がメニューにも反映され、月に1回、「カドッコどっこい賞」が発表されている

10 progress

続けて、育てる
――プログレス

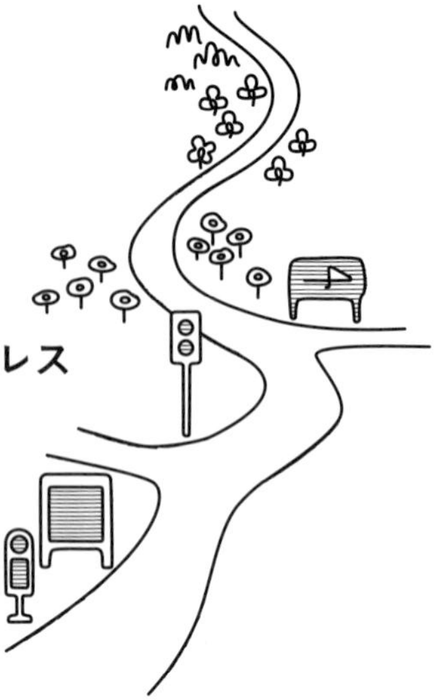

デザインとは、目に見える造形や形態といった完成形だけでなく、その商品や街ができるまでの過程（プロセス）も含まれる。近年の集客力のある施設やヒット商品をみると、一度に大きな開発をおこなうとか、一気に販売の促進を見込むのではなく、消費者や利用客にリピーターになってもらえるような小さな仕掛けを施しながら成長していくデザイン戦略がある。単に継続する経緯や経過（プロセス）ではなく、達成すべき目的のために過程のなかで拡張・発展〈プログレス〉させていくデザインが重要となる。

マーケットやターゲットなどを把握しながらサクセスストーリーを描くには、現状を観察する力が鍵となる。現代の社会現象を場所・時間を定めて組織的に調査・研究し、世相や風俗を分析・解説する学問に「考現学」がある。考現学は、考古学をもじってつくられた造語であり、モデルノロジー（Modernology）と呼ばれ、1927年、今 和次郎[注1]（1888 ～ 1973）が提唱。民家や民具の実測記録をつくることから出発し、現代社会における生活のあり方や営みを、服装や服装品から室内における物の配置、公園や街の通行人の風俗などを細かに観察し、スケッチや図面などデータ化をおこなった。考現学にみるように、モノや空間、さらには人間の行為や慣習など生活の様相や状況の把握には、それらを形成するさまざまな事象を包括的に観察することが求められる。

そうして事象が把握できた後には、それらを組み替え、ストーリーに編集する力が必要となる。雑誌や書籍、各種メディアだけでなく、人間の認知活動から表現活動、さらには記憶の仕組みから知識の組み立てまでを含んだ編集行為を研究開発する学問を「編集工学」と呼ぶ。編集工学研究所の所長・松岡正剛によって提唱され、編集とは、該当する対象の情報の構造を読み解き、それを新たな意匠（デザイン）で再生するものと位置づけられる。編集工学の知見は、都市の文脈を読み解き、再編集するという行為において必要であり、街づくりの重要な視点である。

情報建築家と呼ばれるリチャード・ソール・ワーマン[注2]（1935 ～）は、建築家でデザイナーであり、情報技術を分かりやすく表現する先駆者。情報は建築に似ていると考えていたワーマンは、「情報建築（Information Architecture）」という概念を提唱。情報は建築物のように誰もが自在に活用できて、しかも壊れないようになるべきであり、だからこそ情報の構造にも建築的な構成観を導入するべきだと仮定。そして情報の組織化に必要なのは「場所」「アルファベット」「時間」「分野」「階層」の5つの要素を示した。

現状を把握し、継続発展できるよう編集するとは、コンテンツなどソフトと最終形となるハードをつなぐための仕掛けに重きをおくべきである。ソフトとハードを仲介し関連づける装置・媒体となる情報を編集するデザインである。

歴史的建築物を対象に、その存続か撤廃かを含め行政と市民が一緒になって議論したとする。そこでは、ただ建築物を保存し継続させるだけではなく、市民を巻き込んだ継続できるマネージメントと発展的な街づくりの姿を描くこと〈プログレス〉こそ重要な視点なのである。

注1：民家を単に建築と捉えるのではなく、民俗学的な観点から追究した。著書に『今和次郎集（全9巻）』（ドメス出版、1971年）や『考現学入門』（ちくま文庫、1987年）などがある。

注2：リチャード・ソール・ワーマンは、80以上の書籍やデザインに携わり、TEDカンファレンスの創設者としても知られる。著書に『情報選択の時代』（日本実業出版社、1990年）などがある。

NITY

継続し、進化し続けるコミュニティサイクル

コミュニティサイクルといえば、札幌の「ポロクル」や横浜の「ベイバイク」、そして名古屋には「ニッティ（NITY）」がある。2007年冬、江戸から続く武家屋敷が残る白壁地区を中心に誕生。社会問題になっている「放置自転車」の整理と景観問題、都市内で伐採される木々が産業廃棄物として扱われている「都市の森」と呼ばれる環境資源の問題、青空駐車場の無秩序な増加がみられる空地問題を解決する目的で計画。白壁地区に5ヵ所のステーションを設置。放置自転車を真っ白に塗装した「再生自転車」に乗って街を探索するツアーも企画した。さらに、木材でステーションを制作するプロセスを公開するなど、住民参加型の街づくりの一貫となることを標榜。地元学生や地域住民が参加した作業途中には、多くの住民から質問や励ましの声や参加があり、完成を待ち望む期待感が感じられた。

ステーションに用いた木材は、懐かしさや思い出が想起されるよう、公園にあった木製遊具や神社の火災時に伐採されたものを使用。自転車を適切に駐められる寸法をモジュールとして木材を加工した（部材数512枚）。皮を一方向のみ残し、長さ約750 mmに切り、穴を4ヵ所空け、鉄筋を通しボルトで固定することでL型を形成。そのため、ステーションの各部材は可動させることができ、設置される土地の形状に合わせて形態を変えることが可能。さらには自転車の駐輪だけでなく、子どもの遊具やベンチとしても機能する。

4年が経過し、我々の研究は、継続しながら進化〈プログレス〉している。国内外の事例にはクレジットカード決済が通常であり、電子マネー決算のシステムは類を見ない。国内需要と既存交通機関との連携を視野に入れると、「SUICA」や「MANACA」など電子マネーの対応が、コミュニティサイクルの普及につながると調査結果も出ている。そこで、「電子マネー（交通系ICカード）」を用いた決済と個人認証を可能にしたシステムを開発。世界初となる、このシステムを名古屋工業大学内に設置して実証実験を実施した。

さらに2012年11月から2ヵ月間、名古屋市鶴舞地区を対象に、実際の街中に6ヵ所のステーションを設置して、市民誰もが登録して課金することで利用できる実証実験を実施。近い将来、本格実施に向け計画を継続中である。その街に定着し、実用化されるためには、街づくりの一貫となるべく継続しながら成長し続けるシステム〈プログレス〉のデザインが重要なのである。

AKARI NIGHT

LEDの街・名古屋を継承する祭典

驚かれる人も多いかもしれないが、LED発祥の地は、名古屋である。環境負荷の少ない新しい光源として注目されるLED(発光ダイオード)。高信頼性、長寿命、低消費電力、低発熱性、耐衝撃性のある次世代産業として期待されている。その世界初の高輝度青色発光ダイオード(青色LED)を実現したのは名古屋大学名誉教授の赤崎 勇先生であり、LEDを製造している豊田合成があることから、名古屋は「LEDの街」といっても過言ではない。しかし、特許訴訟の問題などが報道された四国の日亜化学工業と勘違いされ、その事実を知る人は少ない。正確にいうならば、基礎技術の大部分は赤勇先生らにより実現されている。

2010年、名古屋開府400年という節目の年、冬の夜を彩るお祭りが誕生。名古屋の夏祭りは、「名古屋まつり」「ど真ん中祭り」「世界コスプレサミット」など広く知られる。しかし、夜が早いといわれがちな名古屋に、「冬」と「夜」をテーマにした風物詩となる祭りは皆無。そこで生まれたのが「NAGOYAアカリナイト」である。

名古屋テレビ塔下・タワースクエアには、LEDを用いた体験・学習・発表型かつ老若男女が参加できLEDを身近に感じられる場が実現。さらに、青色、白色15,000ずつ、計3万球となるLEDを用いてシャンデリアをモチーフにした光を演出。LEDは豊田合成から提供されたが、それを演出へと展開する予算がない。そのため帯状のLEDの長さを変え、配置する密度を調整し、青色と白色を相互に組み合わせ、つり下げる作業だけで実現できるよう工夫。また、LEDの光り方は、イベント・コンテンツに呼応して変化するようプログラムしている。

小学生を対象に、LEDを使ってクリスマスランプをつくるLED工作教室。LEDの技術や構造を知るだけでなく、親子の触れ合いの場となる。24日イブの夜は、名古屋圏で活躍するクリエイターたちが発信し、光の演出と音楽、映像が一体となった空間を演出。25日クリスマスの夜には、芸術大学の学生が制作したLEDアクセサリーを用いた「フェアトレード・ファッション」を開催。テレビ塔に付けられたLEDシャンデリアの下、市民発信・交流・参加型のイベントが行われた。

翌、翌々年の冬も、LED産業の育成、さらにはこの地区の街づくりへとつながる市民参加の仕掛けとして、より発展した内容で継続開催〈プログレス〉されている。

NITY

NITY
Nagoya Community Cycle

NITY

2008 年に廃棄される放置自転車と木材を再利用したコミュニティサイクル。歴史的街並みが残る名古屋市白壁地区のため街を探索するツアーなども企画した「ECO^2 CYCLE TOUR」

コミュニティサイクルは「ニッティ(NITY)」と名付けた。「community cycle」と名古屋工業大学の英語略称が「NIT」であったことをもじっている。自転車にステーションに収まると「Nagoya」であり「NITY」の頭文字「N」が浮き上がる。自転車の細部にも利用者で多かった女性が使いやすいようにいくつかの工夫を施している

AKARI NIGHT

AKARI NIGHT

ロックやジャズ、ポップなど音楽に合わせて光り方が変化する。音楽家がイルミネーションから想起して作曲するなど創造性も拡大している

芸術大学の学生がデザインし制作する LED は、年々技術的にも、デザイン処理的にもレベルアップ。またモデルやメイクも、プロだけでなく、専門学校で学んでいる学生がトライできる機会となるなど、市民の参加する幅と質が向上している

11 fractal 細部から全体までをまとめる ——フラクタル

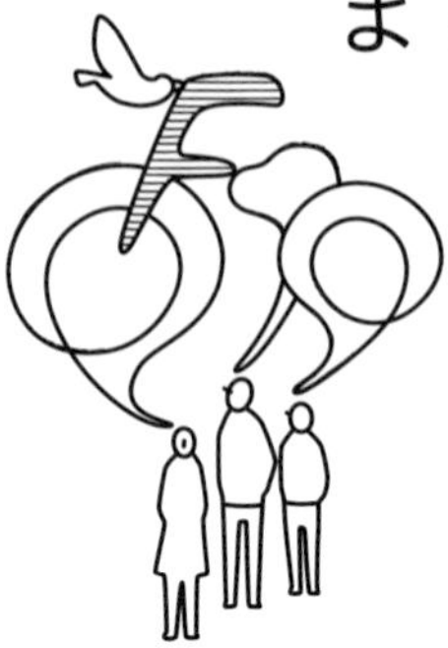

自然界には普遍的な原理や法則が隠されている。先人達は、普遍性ある法則を見出し、積極的に人工物のデザインに取り入れた。例えば、京都・龍安寺の方丈庭園からは、なぜか美しさを感じる。庭園の白砂に浮かぶ15個の石は、無造作に置いてあるように見えるが、黄金比（1:1.618）によって配置。同様に世界的に優雅で美しいといわれるピラミッドやパルテノン神殿にも、黄金比が用いられるといわれる。

人体の各部位の寸法にも一定の法則がある。15世紀、レオナルド・ダ・ヴィンチ（1452 ～ 1519）が描いた「ウィトルウィウス的人体図」には、「プロポーションの法則」あるいは「人体の調和」を示唆した人体比率が描かれている。これは古代ローマ時代の建築家・ウィトルウィウスの著作をもとにダ・ヴィンチが書いた手稿の挿絵で、両手脚が異なる位置で重ねられ、外周に描かれた真円と正方形に手脚が内接している構図。ダ・ヴィンチは、芸術と科学、人体と自然との融合を模索するために人体比率に強い関心をもち、自身の創作活動の基礎とし位置づけた。

この人体寸法にみる比と黄金比を組み合わせたのが、建築家のル・コルビュジエ（1887 ～ 1965）が1948年に提唱した「モデュロール」である。これは黄金比のもつ視覚的なプロポーションと、身体的なプロポーションがもつモジュールを融合した独自の比率。コルビュジエは、建築や家具、その他の機械の設計にまで普遍的に適用でき、機能性と美学を達成できる比率としてデザインに応用した。

一方、コルビュジエは、1914年に鉄筋コンクリート造の水平スラブとそれを支える最小限の柱、各階へのアクセスを可能とする昇降装置を構成要素とした「ドミノシステム」を提唱。近代建築の礎となる、柱と床で構成される自由な平面計画を提示した。さらに、建築家のミース・ファンデル・ローエ(1886 ～ 1969)は内部空間を限定せず、利用者が自由に使える「ユニバーサルスペース」を提唱。壁をなくした広い均質空間は、パーティションなどで適宜仕切ることによって、多機能で多目的な空間を提示した。

しかし近年、彼らの意図とは反して、無目的で機能しない空間や建築が露呈してしまった。そこで、人体寸法からなる美学と機能性を踏まえたヒューマンスケールを保ちながら、空間や建築、都市計画に拡張していくための法則となるべく、〈フラクタル(Fractal)〉という考え方に着目したい。フランスの数学者であるブノワ・マンデルブロ[注1](1924 ～ 2010)が導入した、図形の部分と全体が自己相似になっているという幾何学の概念である。例えば、海岸線の形状や雪の結晶などが挙げられる。海岸線は微視的にみると複雑に入り組んだ形状をしているが、これを拡大しても同様に複雑に入り組んだ形状が現れる。数学的には、簡単な式を繰り返して複雑さを形成することを指す。

これをデザインに還元するならば、誰でも分かりやすい簡単なコンセプトや造形、空間を繰り返すことで、一見すると複雑だけれど全体として一貫した普遍的な表現が可能となる。地権者を始め市民一人ひとりが快適だと合意したデザインを、細部から街という全体へと波及すること〈フラクタル〉こそ望まれているのである。

注1：1979年、ジュリア集合と呼ばれる複素平面内のある変換の下で不変なフラクタル集合の研究を始めた。やがてその理論を発展させ数学以外の分野でもフラクタルは主流となった。

tenku

無機ELによる拡張自在なイルミネーション

アスナル金山(かなやま)は、名古屋市の交通の結節点、金山総合駅北口にある複合商業施設。戦災復興計画の用地として名古屋市が戦後すぐから確保してきた用地の一部を用いて、名古屋都市整備公社が名古屋市から15年の定期借地で建設。2005年3月10日に開業。名称の由来は「明日に向かって元気になる」、だから「アスナル」。

アスナル金山の総合プロデュースは、北山創造研究所がおこなった。中央に配置された広場が、創造・文化活動の発表の場となるだけでなく、ワゴンショップ、チャレンジショップなど創業したい人々への支援にもつながる仕掛けとなっている。

アスナル金山で、我々は夜の演出を手掛けることに。中部圏の産業の先駆的技術の活用と、名古屋圏の交通ターミナルとして文化的、創造的かつ斬新なアイデアが望まれた。そこで、これまで屋外での演出に使用されていない、次世代型の照明器具として期待されている「無機EL」に着目した。

ELとは発光現象のひとつで、有機ELが知られているが、有機ELの「有機物」とは炭素原子が主体となり、タンパク質、砂糖など生物により生成される。一方で、無機ELは発光体に「硫化亜鉛」などの鉱物、すなわち「無機物」に電流を流して発光させるものである。簡単に比較すると、無機ELは製造コストは安価だが、有機ELより輝度が低く、常時点灯時間は短い。しかし、廃棄する際に、有機ELは産業廃棄物となるが、無機ELは一般ゴミとして廃棄できるメリットがある。

ELの特徴として、薄くて軽量(厚さ1mm以下)、かつ柔軟性に優れ、曲面発光も可能である。スクリーン印刷により何色でも、どんな模様でも表現でき、紙のようにカットして自由にカタチをつくることができる。

そこで、国内で初めてとなる屋外での大規模な無機ELを用いたイルミネーションを提案した。基本となる幾何学・正三角形をつかって、組み合わせることでさまざまなカタチにできる〈フラクタル〉ようにデザインした。例えば、プラネタリウムのような星座や雪の結晶、シャンデリアなどに展開可能である。さらに、毎年、枚数を増やしていけば、規模も大きくなり拡張し続けられる。子どもからのアイデア募集をするなど参加型の仕掛けにもなり、何よりも極薄の板が空中に浮いていることへの驚きを演出できたのである。

家族がつながる設計

aoihana

国内の新築住宅戸数が減少するなか、住宅メーカーが凌ぎを削る現状では、売上高の上位は大手メーカーが独占するも、10位以内に関西圏、中部圏をビジネス拠点とする地方メーカーがいくつかある。地域ごとの売上げをみていくと、大手だけでなく、地方メーカーが上位でも健闘。しかし、坪単価をみると大手メーカーが平均70～90万円なのに対して、地方メーカーは40～60万円が主流。地方メーカーが1戸単価でなく、戸数で勝負する様子がみてとれる。

各企業が力を入れる商品の特徴や企業利点をみると、大手メーカーの方が、環境関連の商品が多く、設計の提案力で勝負をする傾向が強い。確かに会社の規模によって、大手家電や住宅設備メーカーとの連携力や独自の技術開発力に差が出てしまう。

一方、住宅購入者の動向はどうだろうか。住宅の購入世帯を年代別にみると、20代後半から30代の購買力が年々増加している。そして、親や親族とのつながりを大切にしたいと考える傾向は強く、特に震災後はより顕著である。また、20代から30代の志向は、必要なものだけを消費し、無駄のない、無理のない範囲で豊かさに満足いく暮らしを望む傾向が強い。さらに同居をするなど親との距離を縮めようとする傾向は、都会に比べ物価や地価が安い地方の方が顕著である。

これらを総括すると、地方メーカーの生きる道は、設備や装置過多になるのではなく、自然の環境を住宅に取り入れ(パッシブ)ながら、家族とのつながりを描ける設計やプランニング力を活かすべきではないか。そこで我々は、子どもから高齢者までがつながる住環境モデル「スタンダード・ジャパン・スタイル(Standard Japan Style)」を提案し実践している。

住宅とは、家族のカタチがデザインの対象となる。範例に基づく平準かつ画一的なプランになることなく、家族それぞれの個性や希望など小さなつぶやきを集積、集約することが大切となる。住宅という大きな屋根の下、家族個々が世代を超えて顕在化する計画〈フラクタル〉となることが求められる。そして、この多様化する住宅購入者のニーズや趣味趣向を、ひとつのカタチへと昇華する住宅の提案こそ、地方メーカーの強みになろう。

このひとつのモデルとして、私自身が設計した住宅「アオイハナ(aoihana)」が2013年4月に竣工する。両親と私と妻、そして4歳の息子(アオイ)と2歳の娘(ハナ)がひとつの家族としてつながり、未来へと発展し続ける住宅のデザインである。

tenku

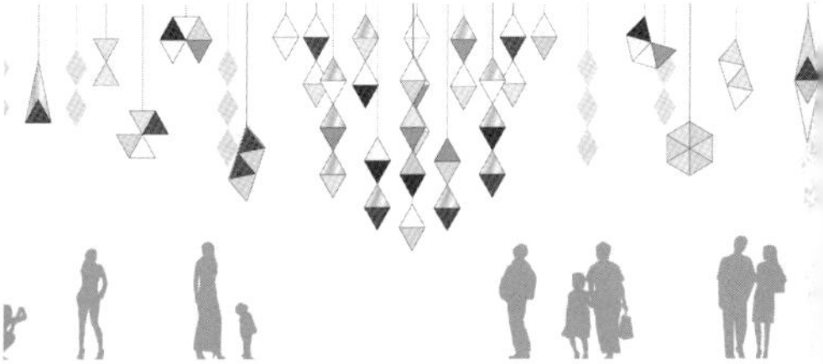

シンプルな幾何学を組み合わせることで、星座や雪の結晶など、さまざまなカタチへと展開できる

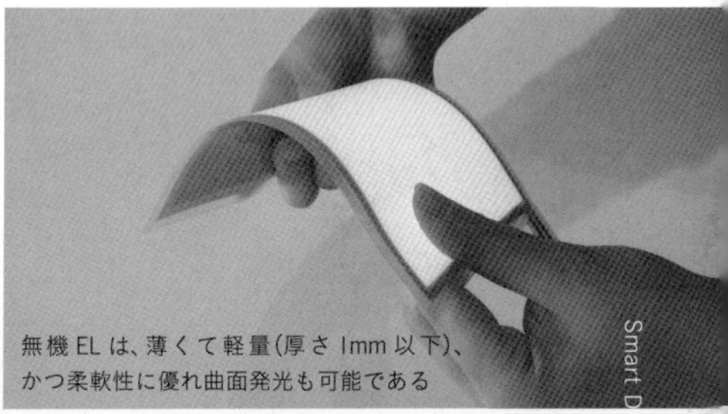

無機 EL は、薄くて軽量(厚さ 1mm 以下)、かつ柔軟性に優れ曲面発光も可能である

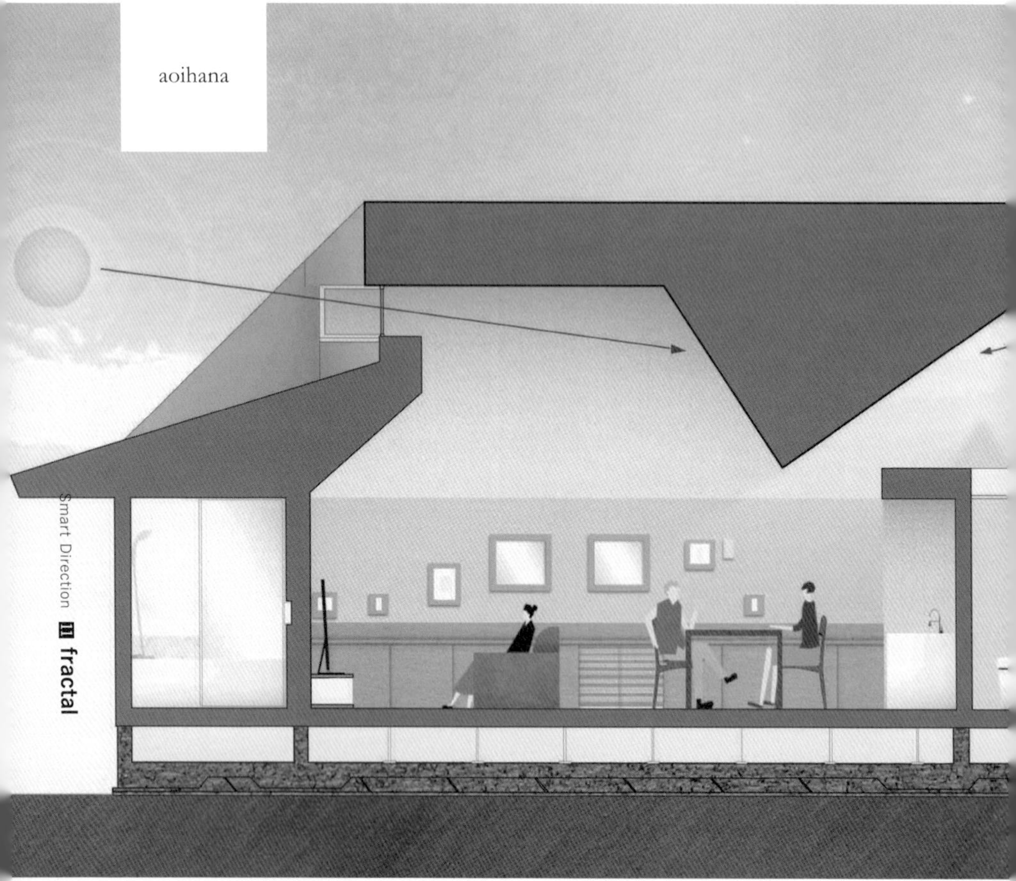

子どもから高齢者までがつながる住環境モデル「スタンダード・ジャパン・スタイル」では、5つの要素を提示している。

1. 採光から操光へ	1日の多くの時間を居室内で過ごしても朝・昼・夜の変化が感じられるように太陽光の動きと日影を操る
2. インテリアのゾーン化	壁で居室を仕切るのではなく、家具で仕切ることで、障害物を最小限にし、ひとり暮らしだけではなく多世代がつながる団欒まで対応可能とする
3. 装飾と機能の融合	歩行に必要な手摺りやスイッチなど設備や器具に必要な機能を家具やインテリアと融合させ、「機能」を遊び心のある装飾の一部としてみせる
4. 明快な素材と鮮明な色彩	視力の低下や老眼でも見やすく、居室に長時間居ても楽しくなる色彩計画と触感など五感を刺激する素材を選ぶ
5. パッシブな熱環境と通風	日照や風を把握して、屋内なのに屋外を感じられ、1年を通して適温を保てる温熱環境をつくる

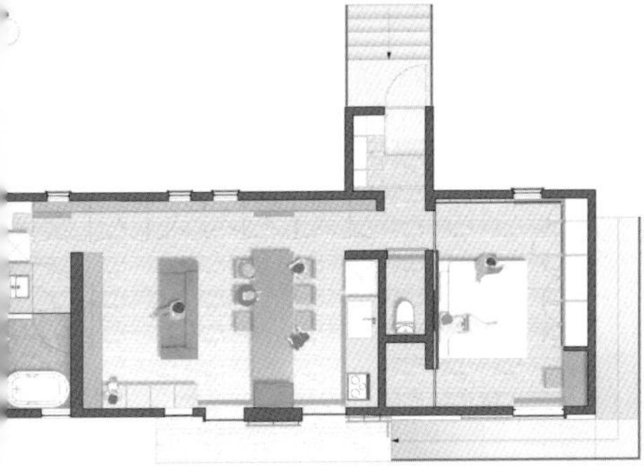

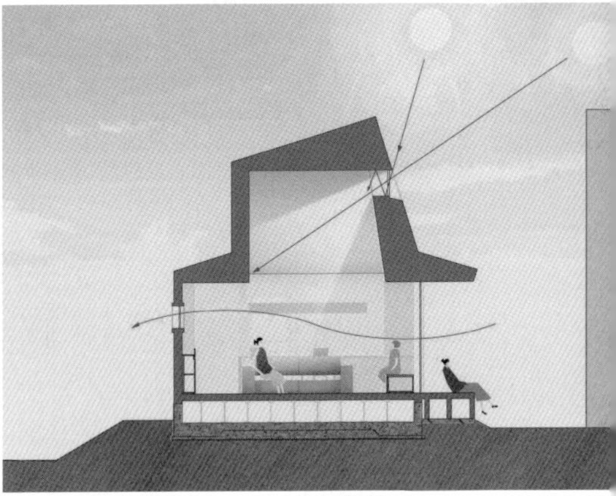

12 share 共有して価値を見出す――シェア

「カーシェアリング」や「ワークシェアリング」、「ホームシェアリング」などシェアリングという言葉をよく耳にする。シェアリングとは「分かち合い」という語源をもち、環境学習や市民参加型のワークショップなどにも使用されている。その場で体験したことを、仲間と分かち合うことによって、ひとりの発見や感動を参加者全員の共有した体験とすることを意図する。同一のモノや空間だけでなく、個人の体験や感動までを複数人で共有するには、独自のプログラムやシステムの構築と共通したサイズや趣向性を加味するなど工夫が必要だ。

フランス・パリ市で定着したコミュニティサイクル「ベリブ(Velib)」のように、自転車をシェアするシステムの構築により、コミュニティが生まれ、街の潤滑油として機能している例もある。この事業は、自動車の排気ガスによる地球温暖化や環境保護だけでなく、都市問題である渋滞や騒音を減らすために、自転車の利用を広める役割を担っている。簡易な利用登録と誰もが24時間利用できるシステムに加え、ユーモアある自転車とシンプルな装置のデザインは、事業開始と同時に爆発的な人気となり、1日あたりの最高台数が約10万台を記録した。シェアリングの定着と拡充には、さり気なく共有できるハードとソフトが融合したデザインが鍵となる。

社会のなかの「分かち合い」を定義した研究者としてロバート・D・パットナム[注1]が挙げられる。パットナムは、アメリカの政治学者であり、現代社会における共同体の衰退を論じ、ソーシャルキャピタル(社会関係資本)の提唱者でもある。「あなたからの見返りを期待せずに、してあげる、きっと誰かがいつか私のためにもしてくれるから」という考えを互酬性と呼ぶ。共同体を支えてきた人づきあいという糧、公私ともに互酬性の蓄積がやせてきた現代社会の問題を、多くの事件からも実感することができる。

古来より日本にある風習や慣習をみると、町内会や青年会、消防団など地域に根差した活動がある。互いに助け合う互助制度によって、人々の協調行動を活発化した社会の効率性を高めることができ、社会の信頼関係、規範、ネットワークといった社会組織が政《まつりごと》や祭事を形成していた。例えば、私の郷里である三重県桑名市多度町では、毎年5月の連休に南北朝時代から続く「上げ馬神事」と呼ばれる催事がおこなわれている。いまでも青年会など地域共同体が祭りの演出や運営に関わっている。そして祭日には、人口1万人の街に何万もの人が訪れ、地域活性に寄与するのだ。

企業や行政などの組織内でも、同じ価値観や体験を共有したり、実感を通して話し合うことは組織全体の成長につながる。これは都市や地域でも同様であり、隣近所のコミュニティから町内会、同好会などが運営する廃品回収やゴミ掃除、祭事など小さな活動を共におこなうだけで、同じ時間を共有し、その体験が連帯感を生むのである。現代社会において、地域資源を共有する仕掛け〈シェア〉をデザインすることで、関わる人々の連帯感や共感を生み出し、共有の財産へと変えることが必要である。

注1:人々の協調行動が活発化することにより社会の効率性を高めることができるソーシャル・キャピタルの概念を提示した。著書に『孤独なボウリング』(柏書房、2006年)などがある。

nagoyakasa

レンタルビニル傘の継続的社会実験

突然の雨に見舞われ、ビニル傘を買った経験はないだろうか。現在、傘における国内の年間消費量は1億3,000万本。その大部分をビニル傘が占め、その消費量は世界一といわれている。いまやビニル傘は至る所で販売され、安価に購入できるため粗末に扱われ、使い捨ての対象に。会社や自宅の玄関の傘立てには、幾本かのビニル傘があることだろう。また、ビニル傘を破棄するには、ビニル、スチール、プラスチックなどに分解して分別しなくてはいけない。環境問題となるビニル傘の大量消費を見直そうと、レンタル傘の取り組みが全国各地でおこなわれている。実施団体により貸出の仕組みに違いはあるが、利用後は借りた場所に返却するものが一般的であり、返却率の低さが問題になっている。そのため私の研究室では、「なごやかさ」と名付けたビニル傘のシェアリングシステムの確立に向けた社会実験を、2008年から継続的におこなっている。

最初の取り組みは、愛知県が主催する若手アーティストの支援事業「アーツチャレンジ2008」の作品公募への挑戦。愛知芸術創造センターを会場に、ビニル傘の回収と電話ボックスに設置した傘立てを用いて貸し出しするアート活動として実施。しかし、計画を進めると電話ボックス内の設置が認められなかった。そこで警察と行政の協力のもと、電話ボックス横の公道に設置することが許可され実現できることとなった。ちなみに、現在都心部ではどれくらいの電話ボックスが残っているのか？　名古屋市中区栄、繁華街を中心に半径2km以内には、96個の電話ボックスがあり、街路数十m以内にひとつの電話ボックスがある計算だ。

「なごやかさ」を始めるにあたって、活動を広く知ってもらうためにロゴマークをデザイン。テーマカラーを緑色にし、ロゴマークは傘から植物の芽が育つイメージとし、全てのビニル傘に貼っている。女性にも使って「かわいいな」と愛着をもってもらえるよう意識した。社会実験を重ねるなかで、返却率を上げるために工夫を凝らしている。最初は、善意を信じて何も制限なしに貸し出した。それでも5割近い返却があった。他都市の例では返却率が数%だったため、名古屋市民のモラルの高さを実感。しかし目指すは返却率100%。マスメディアやチラシを使った広報活動や傘にシリアルナンバーを割り当て、利用者登録制度や傘立ての施錠の導入、さらには登録しやすいよう傘立てにQRコードを付けるなど、改善を続けている。

DAINAGOYA

歴史や人的資源を共有する現代の寺子屋

毎月第二土曜日、街の至るところで「大ナゴヤ大学」の授業がおこなわれている。大ナゴヤ大学には、大学といってもキャンパスはない。時には河川沿いの岸辺や都市公園、時には街のシンボルであるテレビ塔や地下街など街中の施設と提携しながら、カリキュラムに合わせて教室が生まれ、その場がキャンパスになっている。学びたい場所に、学びたい人達が集える、いわば、街がまるごとキャンパスである。また、大ナゴヤ大学では、誰もが生徒にも先生にもなれる。自分の趣味や特技など教えたい、伝えたいことがあれば誰でも先生になれ、学びたい、知りたいなど興味があれば誰もが生徒に。企業や行政、NPO 法人と連携するなど、ユニークな授業のアイデアを公募もしている。常に、街に眠っている「才能」や「経験」を発掘し、世代を越えて共有できる環境がつくられている。

現代版の寺子屋ともいえる大ナゴヤ大学は、2009 年 9 月に開校。一企業のビジネスマンだった加藤慎康氏(現大ナゴヤ大学学長)を中心に産声を上げる。立ち上げ時のノウハウは東京渋谷を拠点に活動する「シブヤ大学」の協力を得たが、名古屋ならではのコミュニティによって、独自の活動を展開。大ナゴヤ大学での我々の役割は実験室。授業の立案から実施されるまでのプロセスの調査や受講した学生へのアンケート調査などを実施。その特徴を把握して街づくりへと活かす可能性を探っている。

そのなかで大ナゴヤ大学の授業が起点となり、授業終了後に生徒達の自主的な活動によって街づくり活動へと成長したいくつかの例がある。繊維問屋街の長者町地区を対象にした授業では、授業をきっかけに街の魅力と風物詩である「ゑびす祭」に興味をもち、生徒達が自主的に集い活動を継続させた。授業から生まれた勝手連は、「長者町ゼミ」と称して街づくりに勤しむ。その活動はロゴマークのデザインや街の歴史を読み解き反映したイベント企画、地権者が運営する街づくり協議会との連携など多岐に及ぶ。

また名古屋市内で起こっている街づくりに関係するプロジェクトのいくつかは、実験室も中心となって企画運営。名古屋テレビ塔の撤廃と存続の議論が白熱した 2011 年夏には「Think テレビ塔」を、名古屋駅にある名古屋鉄道の再開発計画が発表された 2012 年春には「Think ナナちゃん」を企画。市民意見を募り、より市民が興味を抱き、再生や再開発といったハード計画へと反映されるための潤滑油の役割も担っている。

nagoyakasa

たかだかビニル傘だが、小さなシェアの心意気が、雨天時に街を歩く人が増えることで街に活気を生みだし、広義には地球環境の問題へとつながる仕組みを提示している。現在も、雨天時に地下街と路面店をむすぶ潤滑油となることを目指して継続中である

愛知県主催の事業「アーツチャレンジ 2008」に選出され、ビニル傘のシェアリングを実施

傘立てのデザインにも拘り、製材や集成材の加工の際に破棄される小断面材を使用することで環境に配慮している

2009 年には「Nagoya Design Week」や名古屋市主催のコミュニティサイクル社会実験とも連携。2010 年には名古屋市繁華街である栄ミナミ地区と栄 4〜5 丁目地区の店舗と連携。さらに 2011 年には三越やパルコといった大型商業施設の協力を得ている

なごやかさ
nagoyakasa

DAINAGOYA

名古屋テレビ塔と久屋大通公園の新しい活用方法を提示した「SOCIAL TOWER PROJECT」

名古屋駅のシンボルとなるナナちゃん人形を再開発へと活かす「Think ナナちゃん」

周年授業の企画や自主ゼミとしての活発な活動へと発展し続ける「長者町ゼミ」。

名古屋テレビ塔の撤廃と存続を市民へ問うた「Think テレビ塔」

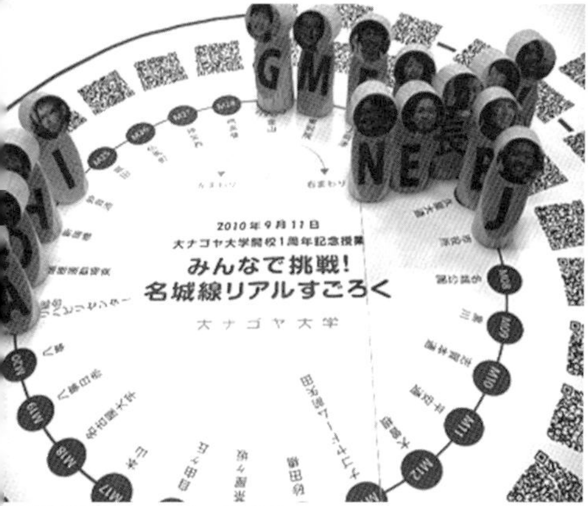

13 pride

「誇り」をつくる
——プライド

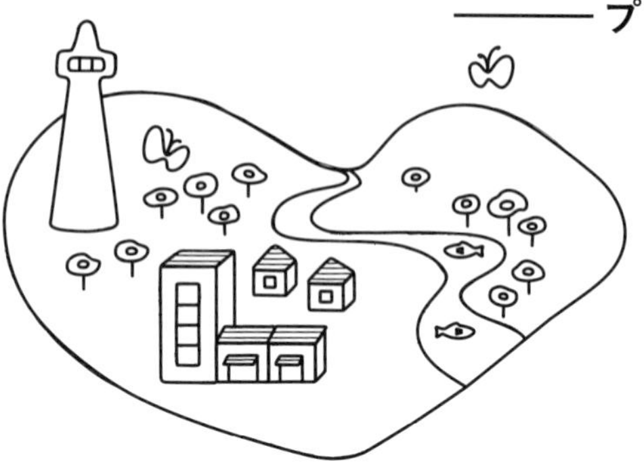

都市を志向し求める文化的、社会的な特徴をもつ生活様式や、近代以降の都市計画全般は「アーバニズム」と呼ばれる。アーバニズムは、シカゴ学派と呼ばれる社会学者のルイス・ワース（1897 〜 1952）によって提唱された。社会的に異質な個人によって、相対的に高密度の永続的集落である都市に特徴的な集団的生活の様式があることを意味する。1980年代後半から1990年代にかけて、北米を主として「ニューアーバニズム」と呼ばれる都市計画の活動が起こる。ニューアーバニズムは伝統回帰的な都市計画ともいわれ、地域レベルから地区レベルまで段階的に都市設計に影響を与える。そして開発、再開発や再生などの事業を通して職住近接型街づくりを目指し、交通は自転車や公共交通を自動車より優先させているのが特徴。

これらアーバニズムの変遷からは、時代によって重きをおく対象がハードの開発だけでなく、そこでの住民の生活様式や集団生活の営みを大切に捉えている。もしそこに足りないものがあるとするならば、その都市や地域の住民を客観的に集団と捉えるだけでなく、観光客やビジネス客などの来訪者を踏まえた観光産業の組み立てではないか。住民間のコミュニティの形成や景観の構築だけでなく、その都市や地域を活性化するための経済的な軸、特に観光産業の構築に力を入れるべきである。

観光産業の推進と街づくりの視点では、自分の住む街に誇り〈プライド(Pride)〉がもてるよう、市民自ら活動することが求められる。商品への「誇り」だけでなく、自らが住む都市や街に誇りをもつといった活動が欧米では普及。これらは「シビックプライド[注1](Civic Pride)」と呼ばれ、18世紀にイギリスで始まり、市民が都市に対して自負と愛着をもって、主体的に地域の活性化を図ろうとする活動である。高度成長期が安定した先進諸国では、ヒューマンスケールから既存の都市計画を捉え直すこと、それは市民一人ひとりが主役となるよう「誇り」がもてる演出を仕掛けることが必要であり、都市や地域にある資源を舞台の演出装置として活かすことが重要となる。例えば、オランダ・アムステルダムでは、ビジョンの策定とそれを人々に伝えるブランドの必要性、都市マーケティングを担う組織の設立が実現し、「I amsterdam」キャンペーンが継続されている。現在、ロゴは1,900万人の国内外の観光客やビジネス客に85%認知されている。アムステルダムでは住民や観光客などの全ての人を主役にすることで、企業や行政だけでなく市民をも巻き込んだプロモーションが具現化されている。

都市特有の歴史や文化、自然、産業、生活、人のコミュニティといった資源を、体験する機会を通して精神的な価値へと結びつけ、買いたい・訪れたい・交流したい・住みたいなどの行為を誘発する演出し、生活や生産、あるいは文化、観光などさまざまな人間関係の舞台である都市の資源と価値のネットワークにおける結節点の役割を果たすよう都市の資源を総体的に対象として、地権者や来訪者との関係をつくる「プレイス・ブランディング」を推進したい。

注1：国内では伊藤香織、紫牟田伸子らによって紹介され、海外の事例や具体的にどのような活動をすれば良いのかなど提示されている。(『シビックプライド』宣伝会議、2008年)。

Takuya
Nakamura

商店街の活気の一助となるファッションショー

1980年代後半、沖縄県中部に位置する沖縄市は、「ファッションタウン」宣言を発表した。戦後の沖縄市は、服飾産業の技術も高く、当時の日本では想像もできないほどファッショナブルな街であった。しかし日本への返還を期におこなわれた米軍基地の縮小とともに、その栄華は衰退。そんな沖縄市にある銀天街は戦後、米兵の需要から商業で栄えた商店街である。アメリカと沖縄の文化が介在し織り成すバラック群や色褪せたペンキの装飾が残る風景は、とても情緒的で街のもつポテンショルを感じ取れる。

沖縄を拠点に活動を続けているファッションデザイナー・中村卓矢氏からの依頼で、ファッションショーの空間演出と仮設店舗をデザインした。せっかくなら、屋内会場をレンタルしたファッションショーではなく、街の商店街を舞台として仕掛けることで、商店街の活気を取り戻す起爆剤となる物語を描くことにした。

1998年春、普段からシャッターが下りる寂れた銀天街のアーケード内に突如工事現場の風景が出現した。全長120m、幅9mのアーケードを、現場用の足場で組み立てられた一辺4mの立方体と工事用コーンで囲った。突然現れた工事現場の様子に周囲の住民は、アーケードの撤去なのか、商店街の修繕なのか困惑した。

ある夜300人余りの若者が銀天街に押し寄せた。時計の針がPM7：30を刻むと一斉に商店街の電灯が消された。突然の暗闇に驚く若者に、すかさずDJがレコードを回し、商店街全体が重低音のビートと迫力のあるリズムに包まれた。そしてスポットの代わりに設置した4台の自動車からは、ハイビームの強い光が点滅。その間に、工事現場にはモデルが次々に現れショーはスタートした。ショーが始まると、その熱気に何が始まったのか？　と周囲の住民が集まり銀天街には総勢600人を超える人だかりができた。

さらに商店街で回収した段ボールを、タイルに見立て仮設店舗をつくった。衣服のモジュールに併せて段ボールを加工し、タイル状にした段ボールの壁面を空中に浮かせ、照明の演出を施した。

寂れて人通りの少ない商店街に、集客できるコンテンツを仕掛けることで、賑わいを生み出すことができる。商店街にファッションタウンとして栄華を築いた記憶を顕在化させ、商店主や住民に自らもできるという誇り〈プライド〉を取り戻すことにつながるのだ。

地区の誇りとなる活動と再開発

MEIEKI

名古屋の顔ともいえる高層建築が立ち並ぶ「名古屋駅（名駅）地区」では、市民の誇りとなり、観光客もが主役となれる街づくりの活動がある。名駅は、1886年5月に現在より南方200mの位置に開業。その後、駅の拡張に伴い1937年に現在の位置に移設され、1日の乗降人数が約57万人ある交通拠点。2008年より名古屋駅地区街づくり協議会（以下、名駅街協）が発足。街づくりガイドラインの策定や清掃活動、打ち水など地区内の結束と長期的な再開発へとランディングする活動がおこなわれている。

2010年、名駅街協が中心となり、道路上の公有地を民間主体で緑化する「花と緑のおもてなしメイエキ」を実施。市民と専門家が一緒になって制作したフラワーコンテナ41基を設置。名古屋市全体の緑被率が24.8%に対し、名駅地区は3.5%。歩道の植栽帯にはゴミが多く、行政による植替え作業は年に数回おこなわれるだけ。名古屋の玄関口として「おもてなし」をするよう花と緑の景観づくりを試みた。この活動は、2011年度と2012年度には国土交通省の社会実験として、バナーや仮囲いの広告による収益を街路花壇や清掃など公益事業へと還元する道路PPPの可能性検証へとつながっている。自らの街を自らがマネージメントする持続可能なスキームへと発展しているのである。

さらに名駅地区を表現するロゴマーク、キャッチコピー、テーマカラーを策定。ロゴマークは80案以上のデザインから名駅街協内で6案に選定。その後、街頭とウェブ上のアンケートを実施し、市民の意見を収集。ロゴマークには、愛称で馴染みのある「名駅（MEIEKI）」の呼び方を採用。頭文字の「M」をモチーフに、高層ビル、道路、鉄道、地下街が表現された。ロゴマークを連続させると、街並が表現できるユーモアも隠し味で入っている。キャッチコピーは「WELCOMEIEKI」とし、「ようこそ」と国内外からお招きするおもてなしの心と「ME」の街、私の街と愛着と親しみがもてるよう二重の意味を包含。既にTシャツや幟に展開し、イベントや清掃活動などにも使用することで、市民への周知へとつながっている。

街を彩るバナーや工事仮囲い、街路花壇を自ら仕掛け景観を形成していく、小さな活動が長期的な再開発へと持続継続されることで、街への誇り〈プライド〉が生まれるのである。

Takuya Nakamura

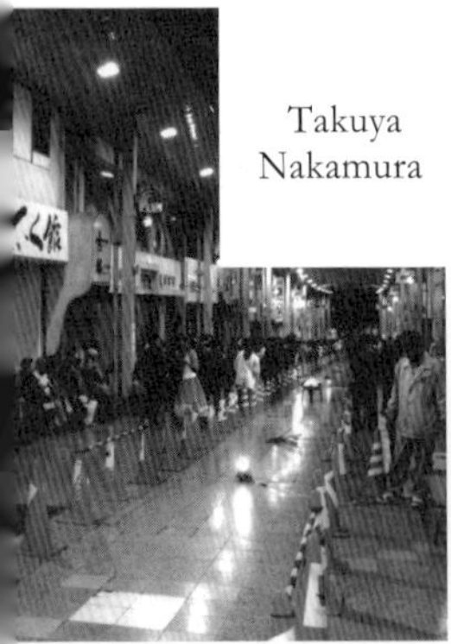

Smart Direction 13 **pride**

段ボールをタイルに見立て、空間の三方に壁をつくった。段ボールの継ぎ目には、40mm 角の孔を開け、二方の壁は宙に浮かせ、背面から照明をあて、あたかも浮遊しているかのようにした

モデルはランウェイを歩くだけでなく、工事現場の途中に置かれている工事器具(スコップ、ヘルメット、一輪車、測量機器など)を自由に扱うことができる

商店街の空き店舗を使用して、ショーで使った衣服の販売を実施。商店街でリサイクルとして回収した段ボールを 300mm×300mm のタイル状に加工

MEIEKI

Smart Direction 13 pride

テーマカラーは、名駅の過去、現在、未来と歴史の変遷を表現。過去は、清州越しから始まった400年の歴史ある金シャチに代表される「ゴールド」、現在は、石原裕次郎にも「白い街」と唄われた堅実な印象の「ホワイト」、未来は、2005年の「愛知博」や2010年COP10が開催され緑化活動も盛んなことなど将来への期待感から「グリーン」の3色を設定

名古屋駅地区
街づくり協議会

名古屋駅地区街づくり協議会

名古屋駅地区街づくり協議会

MEIEKI

名駅の９つの地下街をまとめた地下街マップ

プロジェクト・リスト

H2O

所在地:東京都渋谷区
インテリア・家具・グラフィック:伊藤孝紀(TYPE A/B)
デザイン協力:倉品正伸
施工:タケシゲ
撮影:吉村昌也(コピスト)

Design no Ma

所在地:名古屋市千種区
ディレクション:伊藤孝紀
インテリア:伊藤孝紀、高橋里佳(TYPE A/B)
グラフィック:矢野まさつぐ、白澤真生(OPENENDS)
家具:カリモク家具、トーヨーキッチン&リビング、
FLANNEL SOFA、みずのかぐ、リアル・スタイル
施工:丹青社
イベント制作:ノーネーム
撮影:デザインの間

HALLOW

家具・プロダクト:名古屋工業大学伊藤研究室
制作:都市の森再生工房
協力:大窪献二(DOUGE)
撮影:石川善英

Heart Tower

所在地:名古屋市中区
クライアント:名古屋開府400年記念事業実行委員会、
NAGOYAアカリナイト実行委員会
ディレクション:伊藤孝紀、電通
ライティング:名古屋工業大学伊藤研究室
施工:電気興業、パナソニック電工エンジニアリング
協力:名古屋テレビ塔、パナソニック
撮影:吉村昌也(コピスト)

i-Wedding

所在地:愛知県春日井市
クライアント:出雲殿
ディレクション:伊藤孝紀
建築・インテリア・グラフィック:伊藤孝紀、一宮しの(TYPE A/B)
ライティング:マックスレイ
施工:バウハウス丸栄、タップスビトウ
撮影:吉村昌也(コピスト)

ひつじ

所在地:名古屋市天白区
クライアント:和さび
建築・インテリア:鳥居佳則(鳥居デザイン事務所)、
伊藤孝紀、一宮しの(TYPE A/B)
グラフィック:伊藤孝紀、一宮しの(TYPE A/B)
イラスト:疋田千枝(c/color)
照明:マックスレイ
施工:ヨシタケ
撮影:吉村昌也(コピスト)

5W x 1H x 3P

ディレクション:FLANNEL、TYPE A/B
グラフィック:FLANNEL、名古屋工業大学伊藤研究室

□RONDO・PIVO
ソファ:富田有一、坂井大介(名古屋工業大学伊藤研究室)
制作・撮影: FLANNEL
販売店:FLANNNEL SOFA

ROBOBASE

所在地:名古屋市東区
クライアント:ROBOBASE
ディレクション:伊藤孝紀
グラフィック:伊藤孝紀、高橋里佳(TYPE A/B)
ロボベースクエスト~光の章~
企画・運営:ROBOBASE、名古屋工業大学伊藤研究室
協力:ディナトス包装、名古屋工業大学

gre・co

ディレクション:伊藤孝紀
研究調査:名古屋工業大学伊藤研究室
□一般住居駐車場
所在地:岐阜県岐阜市
緑化駐車場:伊藤孝紀、増澤まや、高橋里佳(TYPE A/B)
施工:ヤハギ緑化、一膳
撮影:吉村昌也(コピスト)
□マツダレンタカー　伏見店
所在地:名古屋市中区
クライアント:パーク24、タイムズモビリティネットワークス
緑化駐車場:名古屋工業大学伊藤研究室
施工:ヤハギ緑化、岡崎グリーン、セイシンエココーポレーション
□ウエスティン ナゴヤキャッスル 第3駐車場
所在地:名古屋市西区
クライアント:ナゴヤキャッスル
緑化駐車場:名古屋工業大学伊藤研究室
施工:ヤハギ緑化、豊田通商、岡崎グリーン、ミヤチ

ツマリ楽園

主催:越後妻有アートトリエンナーレ2009
所在地:新潟県越後妻有
インスタレーション:名古屋工業大学伊藤研究室
協力:松代町住民のみなさま

M's collection

クライアント:M's collection
ディレクション:伊藤孝紀
アクセサリー・インテリア・グラフィック:伊藤孝紀、高橋里佳、
野村美咲(TYPE A/B)
撮影:吉村昌也(コピスト)

心石・The Sofa

クライアント:心石工芸
所在地:広島県福山市
ディレクション:伊藤孝紀
ソファ:伊藤孝紀、高橋里佳(TYPE A/B)
販売店:KOKOROISHI
撮影:吉村昌也(コピスト)

天空のシャンデリア

所在地:名古屋市中区
クライアント:アスナル金山
ディレクション:ゲイン、伊藤孝紀
ライティング:名古屋工業大学伊藤研究室
施工:ミュー
撮影:ゲイン

aoihana

所在地:三重県桑名市
建築:伊藤孝紀、高橋里佳、野村美咲(TYPE A/B)
施工:高垣組
構造:名和研二、下田仁美(なわけんジム)
照明:マックスレイ

麗しきマチ

所在地:名古屋市東区
アドバイザー:堀越哲美(名古屋工業大学)
インスタレーション:鵜飼昭年(AUAU建築研究所)、
伊藤孝紀、一宮しの(TYPE A/B)
グラフィック:伊藤孝紀、一宮しの(TYPE A/B)
撮影:吉村昌也(コピスト)

栄ミナミ地域活性化協議会

クライアント:栄ミナミ地域活性化協議会
マスタープラン・デザイン:名古屋工業大学伊藤研究室
街路灯制作:日本街路灯

なごやかさ

デザイン:名古屋工業大学伊藤研究室
研究調査:名古屋工業大学伊藤研究室

大ナゴヤ大学

実験室:名古屋工業大学伊藤研究室

TAKANORI ITO・OSORO

クライアント:Monkey Flip
コンセプトデザイン:伊藤孝紀、高橋里佳(TYPE A/B)
アイウェアデザイン:岸正龍(Monkey Flip)
デザイン協力:岡田心(フラップデザインスタジオ)
制作:Monkey Flip
販売店:Monkey Flip　など
撮影:吉村昌也(コピスト)

P.A.R.K

所在地: 名古屋市中区
施主:セブン
インテリア:鳥居佳則(鳥居デザイン事務所)、
伊藤孝紀、一宮しの(TYPE A/B)
グラフィック:伊藤孝紀、一宮しの(TYPE A/B)
ライティング:マックスレイ
施工:オリジナル
撮影:ナカサ&パートナーズ

Scarlet

クライアント:みずのかぐ
ディレクション:伊藤孝紀
研究調査:名古屋工業大学伊藤研究室
家具:名古屋工業大学伊藤研究室,高橋里佳(TYPE A/B)
撮影:吉村昌也(コピスト)

lots Fiction

所在地:愛知県愛知郡
建築・家具・グラフィック:伊藤孝紀、一宮しの、
高橋里佳(TYPE A/B)
構造:名和研二、下田仁美(なわけんジム)
ライティング:マックスレイ
施工:服部工務店
撮影:吉村昌也(コピスト)

NITY

□NITY
所在地:名古屋市
主催:名古屋工業大学伊藤研究室
共催:名古屋市、なごや建設事業サービス財団、
市民・自転車フォーラム、蔦井
ステーション・自転車・グラフィック:名古屋工業大学伊藤研究室
デザイン協力:岡田心(フラップデザインスタジオ)
システム・装置制作:蔦井
自転車製作:高橋製瓦
撮影:吉村昌也(コピスト)

□ECO² CYCLE TOUR
所在地:名古屋市東区
クライアント:愛知県
アドバイザー:堀越哲美(名古屋工業大学)
ステーション・遊具:鵜飼昭年(AUAU建築研究所)、
伊藤孝紀、一宮しの(TYPE A/B)
施工:都市の森再生工房
撮影:石川善英

AKARI NIGHT

クライアント:中部圏社会経済研究所、
名古屋開府400年記念事業実行委員会、
NAGOYAアカリナイト実行委員会
企画:アカリズム・フォーラム、名古屋工業大学伊藤研究室
ライティング:伊藤孝紀、高橋里佳(TYPE A/B)、
春日井桃子(ミュー)
施工:ミュー
協力:豊田合成
撮影:吉村昌也(コピスト)

Takuya Nakamura

所在地:沖縄県沖縄市
クライアント:中村卓矢(TAKUYA NAKAMURA)
ディレクション:伊藤孝紀
デザイン:伊藤孝紀(TYPE A/B)

名古屋駅地区街づくり協議会

クライアント:名古屋駅地区街づくり協議会
グラフィック:髙橋佳介、森田和美(クーグート)、
名古屋工業大学伊藤研究室
撮影:名古屋駅地区街づくり協議会

■有限会社タイプ・エービー(TYPE A/B)

伊藤愛子、高橋里佳、野村美咲、一宮しの(元所員)、
増澤まや(元所員)

■名古屋工業大学大学院 伊藤研究室

2012年　林宏樹、高橋純平、成田康輔、丹羽一仁、小柳翔太、
林あずみ、関庚錫、三谷友紀、張兆雯

2011年　富田有一、坂井大介、春日和俊、林宏樹、高橋純平、
山本直樹、成田康輔、丹羽一仁

2010年　金子慶太、杉山浩太、内木智草、富田有一、坂井大介、
春日和俊、林宏樹、高橋純平、山本直樹

2009年　金子慶太、杉山浩太、内木智草、富田有一、坂井大介、
春日和俊、上島克之、香村翼

2008年　金子慶太、杉山浩太、福島巧也、富田有一

事務スタッフ:飯田博子

あとがき

本書では「環境演出」というテーマを提示して、それに関する13キーワードと26の実践的な試みを紹介してきた。一見バラバラと思われがちなデザイン活動であるが、企業ブランディングや商品開発、インテリアや建築設計にしても、全てのデザインが街づくりへと発展するために還元されることを意図している。こういったデザイン概念と実直な活動を20歳の頃から、20年余にわたり継続している。その「きっかけ」というと……。

現在、私の頭蓋前頭葉の一部には、手のひらサイズの「人工骨」が入っている。高校2年生の冬に、大きなアクシデント（交通事故）と遭遇した。雨天時の高速道路でハイドロップウェーニング現状が起こり自動車は大破。数日の昏睡状態のなか、頭蓋骨が数ヵ所複雑骨折したものの硬膜外出血だったため、脳内には傷がなく神経に影響はなかった。たまたま事故現場の近くに総合病院があったこと、さらには当直していた医師が脳外科の権威であったため処置が早かったことが幸いした。病床で意識が戻った後、当時10代だった私にとって現実を受け入れることが難しい状態であった。数日経って、同い歳くらいの女の子が入院してきた。「おはよう」と声を掛けると、その子からの返事はない。後ろで車椅子を押すお婆さんから「数日前は元気だったのだけど、横断歩道で事故に遭い、いまは何も感じない……」との返答。そのとき自分が五体満足に生きていることを実感した。

事故後に、自らの生きる姿勢がぶれないよう5つの言葉をつくった。まずは、自身の想いを整理し決断する「決断力」、決断したらすぐに行動に移す「行動力」、その行動は懸命に切磋琢磨する「努力」、努力も一度きりでは実にならないので継続する「継続力」、継続していくと最初に決断した際の想いや夢を忘れがちであるがその「想い」。勝手自発的に社会に提案する自称プレゼンマニアな学生にとって、失敗は日常茶飯事。幾度となくめげそうになるとき、自分自身にいま何が足りないのか自問自答するための目安(ベクトル)であり、現在も変わらず続けていることのひとつである。

大学生になると「社会」にとって、デザインの力で改善できることを積極的に提案した。下宿先に屋号を出し、少しでも印象に残るよう真っ赤にデザインした名刺を使った。自らの想いを綴った書簡を市長や企業の社長に送ったり、時にはアポもなく直接乗り込んだ。快く聞いて支援くださった方々の好意により在学中にもかかわらず、幾つかのデザインを実現することができた。

多様な活動に見られる「環境演出」の取り組みは、多くは私が学んできた先生方からの影響によるものである。大学に入学して最初のセンセーションが、『第二大地の建築』という建築物。その独特なフォルムは、都市スケールではなく、地球環境を視野に入れて設計されていると感じ、その想いを書簡に記して設計者である髙崎正治先生に送った。そして事務所で学ぶ機会を得た。そこで経験したことは、作品以上に衝撃であり、私の既成概念と地方都市で建築を学ぶコンプレックスや交通事故の呪縛を解くきっかけとなる。それは建築だけではなく、「社会芸術」として都市や地域を地球規模のなかで捉え、自分がおかれた環境や起こってしまったことに捕らわれるのではなく、「地球人(コスモポリタン)」といった広い視点で見ることである。

1995年に名古屋で「世界インテリアデザイン会議」がおこなわれ、私も学生作品展でインスタレーションを制作し展示する機会を得た。そこで内田 繁先生にお会いすることとなる。イタリアやフランスなど欧米のデザインが最先端だと思っていた私に、村田珠光から千 利休、古田織部や小堀遠州に継承される「日本の文化」を学ぶ大切さを教えていただいた。それからは、日本人の固有の所作や空間性など人間とモノ、空間との関係性を捉えるようになり、京都の寺院などを見て回るようになる。

同年後期から、延藤安弘先生が名城大学に赴任された。その出会いは私への激怒から始まる鮮烈なものであった。設計課題のエスキースの際に、空間論や建築論を雄弁にひけらかし、他学生を半ば馬鹿にする私を、「仲間を仲間とも思わないやつに、デザインはでけへん！」と猛烈に叱ってくれたのだった。こちらもめげずに、当時取り組んでいた幾つかのプロジェクトを見せ、想いを語ると、「この空間ええな、体験した人達はどういう表情していた？」など議論するなかで、延藤節に魅了されてしまう。その後、延藤研究室でお世話になり、生活者主体の設計手法や「住民参加」の街づくりの理論と実践を目の当たりにすることとなる。

建築設計だけでなく、商品開発から都市の再開発などの「プロデュース」を学ぶべく、北山創造研究所の門を叩いた。そこでたたき込まれたことは、綺麗でカッコイイ言葉を並べるのではなく、クライアントの想いを事業スキームへと反映できるコンセプトをつくること。プロジェクトは、綺麗な絵を描くだけではなく、事業運営できる仕組みがないと、企業も、そしてその企業がある地域も活性化されないリアリティを学んだ。その後、研究所のOBでもある三上訓顯先生に研究と実践の指導を受けるべく、名古屋市立大学大学院で学ぶこととなる。

大学院には、事故後から最もお会いしたかった川崎和男先生がお見えだった。川崎先生には、デザインの相談に伺うだけでなく、講義も受講させていただき、デザインがもつ可能性とそれを教育として学生に伝える重要さを痛感させられる。講義は、常に思考と感性が感化させられる内容であり、日本語がもつ言葉の意味の大切さや人間の体内環境から地球環境まで視野に入れた「デザイン戦略」が必要なことなど影響を受けた。

私が大学教員として着任した後は、私が受けたこれらの影響を学生達にも体験してもらいたいと思い、先生方をお招きしてご講義いただいている。

このような「環境演出」の体系化には、幾つかの研究と実践活動の連携が不可欠であり、その基礎となる環境デザインの理念は、堀越哲美先生の影響である。本書の草稿の最初の読者でもあり、ご教示をいただいた。

また、これらのプロジェクトには、クライアントの皆様をはじめ、関係者の皆様による、多大なるご支援とご協力に支えられ実現している。この場を借りて、厚く感謝申し上げる。

なお、本書では「街づくり」「街」のように漢字を用いているが、タイトルでは「まち」と平仮名を用いている。これは柔らかい雰囲気をという編集担当者の提案のためだが、これこそ「演出」を強調するための演出であり、〈フェイク〉のひとつだと思っていただけると幸いである。

本書の編集をご担当いただいた久保田昭子さんには、締切りが遅れる迷惑は言うまでもなく、私のわがままな拘りや意図を、まさに演出家のごとく見抜き、そして昇華いただいた。本書の写真の大半は、20代の頃より吉村昌也さんに撮影いただいている。そのため、私の考えを一番表現できる写真家である。本書は、もう一冊の同時に発刊された『名古屋魂 21世紀の街づくり提言書』(中部経済新聞社、2013年2月)と相互補完するものであり装丁デザインが対になっている。このいままでにない取り組みのデザインを手掛けた髙橋佳介さん、そしてイラストを担当いただいた森田和美さんには、休み返上の強行スケジュールのなか2冊同時校了を遂行いただいた。心より感謝申し上げる。

最後となるが、私のデザインの実現に日々切磋琢磨する事務所スタッフの伊藤愛子、高橋里佳、野村美咲、元所員の一宮しの、増澤まやのお陰で、これらのプロジェクトは実現している。また、研究室スタッフの飯田博子はじめ学生諸君のお陰で、多様な調査や活動が実践されていることに感謝したい。そして、私が取り組むことに常に応援してくれる家族に感謝の意を伝えたい。

2013年1月

伊藤 孝紀

撮影：吉村昌也

伊藤 孝紀（いとう・たかのり）

建築家、デザインディレクター。
名古屋工業大学大学院 准教授、博士（芸術工学）、有限会社タイプ・エービー 主宰。
1974年 三重県生まれ。 94年 TYPE A/B設立（2005年より有限会社タイプ・エービーに改組）。 97年 名城大学建築学科卒業。 99年 沖縄県立芸術大学大学院修士課程修了。 2000年 北山創造研究所。 07年 名古屋市立大学大学院博士後期課程満了。 07年より現職。
建築、インテリア、家具のデザインや市場分析からコンセプトを創造しデザインを活かしたブランド戦略を実践。 行政・企業・市民を巻き込んだ街づくりに従事し、社会・世界に向け活発に活動中。

主な受賞	2004年	JCD デザイン賞 奨励賞
	2005年	Residential Lighting Awards 審査員特別賞
	2006年	SDAデザイン賞 地区デザイン賞
	2007年	JCD デザイン賞 銀賞
	2008年	日本建築学会 東海賞
	2009年	中部建築賞
	2011年	DDAデザイン賞 協会特別賞
	2012年	日本デザイン学会 研究奨励賞
	2013年	SDAデザイン賞 最優秀賞
		グッドデザイン賞

まちを演出《えんしゅつ》する

仕掛《しか》けとしてのデザイン

2013年2月15日　第1刷発行
10月30日　第2刷発行

著者　伊藤《いとう》 孝紀《たかのり》
発行者　坪内 文生
発行所　鹿島出版会
〒104-0028 東京都中央区八重洲 2-5-14
電話 03-6202-5200 振替 00160-2-180883

印刷　壮光舎印刷
デザイン　髙橋佳介（クーグート）
イラストレーション　森田和美（クーグート）

ISBN 978-4-306-07300-5　C3052

本書の内容に関するご意見・ご感想は下記までお寄せ下さい。
URL: http://www.kajima-publishing.co.jp/
e-mail: info@kajima-publishing.co.jp